高等数学教学改革
与实践研究

王振福　著

中国文联出版社

图书在版编目（CIP）数据

高等数学教学改革与实践研究 / 王振福著. -- 北京：
中国文联出版社，2023.12

ISBN 978-7-5190-5425-0

Ⅰ．①高… Ⅱ．①王… Ⅲ．①高等数学－教学改革－
研究－高等学校 Ⅳ．①O13-42

中国国家版本馆CIP数据核字(2023)第257340号

著　　者	王振福	
责任编辑	周欣	
责任校对	秀点校对	
装帧设计	研杰星空	
出版发行	中国文联出版社有限公司	
社　　址	北京市朝阳区农展馆南里10号	邮编　100125
电　　话	010-85923025（发行部）	010-85923091（总编室）
经　　销	全国新华书店等	
印　　刷	明玺印务（廊坊）有限公司	
开　　本	710毫米×1000毫米　1/16	
印　　张	12.5	
字　　数	208千字	
版　　次	2023年12月第1版第1次印刷	
定　　价	50.00元	

前　言

高等数学具有很强的应用性，在解决现实问题中发挥着重要作用，受到我国各大院校的高度重视。然而，在具体教学中，高等院校过于重视学科的理论性和严谨性，在一定程度上忽略了高等数学的实践性和应用性，严重阻碍了学生数学应用能力的提升。

本书主要以《高等数学教学改革与实践研究》为主题，是一本研究高等数学教学改革和创新的书籍。第一章主要介绍数学教学理论和相关概念，包括数学的特点、方法与意义，数学教学理论与发展，当代数学教学流派，数学教学的基本模式和数学课程的概述等。第二章主要介绍国际和我国数学教学的改革和发展情况，包括国际数学教育的现状和趋势、我国数学教育的历史和现状、建构主义与当代数学教学改革和数学建模与当代数学教学改革等。第三章探讨高等数学教学如何培养学生的数学应用能力，包括相关概述，高等数学教学应用能力培养的原则、现状和路径等。第四章重点讨论高等数学教学内容的改革策略，包括高职院校高等数学教学内容的改革和高等数学教育的教学内容改革策略。第五章探讨高等数学教学如何培养学生的数学能力，包括研究的理论依据、学生数学应用能力与高等数学教学的关系和高等数学培养学生数学应用能力的策略。最后，第六章主要讨论如何在高等数学教学中培养学生的创造性思维能力，包括培养创造性思维能力的重要性、创造性思维的内涵与特点和在数学教学中培养学生的创造性思维能力。这本书旨在为高等数学教学的改革和创新提供理论支持和实践指导，对于教育者、学生和相关研究人员都有一定的参考价值。

本书由包头职业技术学院王振福独立撰写。

目　录

第一章　数学教学理论

第一节　数学的特点、方法与意义

数学与数学教育是紧密相关，但又属于不同领域的两门科学，它们同样都是随着人类社会实践活动而萌芽，也随着人类社会进步而发展。数学是什么？它有哪些特点和思想方法？人们研究和学习数学有什么意义？这些问题对于从事数学教育事业的数学教师来说都十分重要。也许我们并未对此类问题有意识地进行过认真的思考，甚至不一定都能做出明确的回答，但在我们的实际工作中，却自觉或不自觉地以某种观念（数学观和数学教育观）指导着具体的教学行动，从而也影响了数学教学的实践与效果。为此，数学教师必须熟悉数学的对象、特点和思想方法，明确数学的作用和意义。

一、数学的对象和特点

（一）数学的对象

数学是什么？古往今来，许多数学家、哲学家对此留下许多深刻的见解。随着人类的进步、科学的发展以及人们对数学的不断研究，认识也逐渐深入。例如，古代中国认为数学是"术"，是用来解决生产与生活问题的计算方法，历史上著名的《周髀算经》《九章算术》等"算经十书"，充分反映了中国古代数学追求实用、注重算法、寓理于算的特点。而古希腊却认为数学是理念，是关于世界本质的学问。数学对象是一种不依赖于人类思维的客观存在，但可以通过亲身体验，借助实验、观察和抽象获得有关的知识。16世纪天文学家伽利略说得更明白："大自然乃至整个宇宙这本书都是用数学语言写出的。"依他们看来，科学的本质就是数学，世界是数学的描述形式，数学成了科学的"皇后"。18世纪，由于数学被广泛应用于自然科学，数学家达朗贝尔又把数学划归为自然科学之类，确认它是自然科学的一个门类，这时数学又被视为科学的"仆人"，是自然科学的工具。

恩格斯在《反杜林论》中明确地指出："纯数学的对象是现实世界的空间形式和数量关系。"在《自然辩证法》中，他又说："数学是数量的科学"，"我们的几何学是从空间关系出发，我们的算术和代数是从数量出发"，恩格斯的这些论述准确地概括了19世纪以前数学研究的主要内容，并且这一概括至今仍然有重要的意义。由于近、现代数学的发展，数学研究的对象已远远超出了传统的"空间形式"和"数量关系"的范围。因此，我们需要对"空间形式"和"数量关系"作更广义的理解，如"空间"并非只有二维和三维欧氏空间，还有 n 维欧氏空间、函数空间、拓扑空间、具有某种结构的抽象空间等；"数量"也扩展到向量、张量、命题及代数结构的抽象集合中的元等。

值得重视的是，恩格斯在《自然辩证法》中还指出：数学是"一种研究思想事物（虽然它们是现实的摹写）的抽象的科学"，事实上，数学研究的对象不只限于我们直接经验到的数量关系与空间形式，必然包括越来越多的"人类悟性的自由创造物"。数学的对象已是经过人的思维加工的形式化思想材料。正如数学家丁石孙所说："数学的研究对象是客观世界的逻辑可能的数量关系和结构关系。"如各种序结构、代数结构、拓扑结构以及同态、同调等各种关系，甚至转换、映照等。因此，有的数学家把数学作为"序的科学""模式的科学""结构的科学"。所以，从现代数学角度来讲，数学不只是研究量和量的变化及其关系，其中纯数学是研究纯粹的量的科学，它是数学的基础部分。

随着时代的发展与研究的深入，对"数学是什么"的回答又有过很多经典的说法。比如："数学是科学，更是一门创造性的艺术""数学是一种语言，是一些科学的公共语言""数学是一种文化体系""数学是科学，也是一门技术"等，然而用几句话给"数学是什么"的问题一个恰当的回答绝非一件易事，因为这里涉及看问题的角度，比如，从学科本身来讲，数学是一门科学，这门科学有它相对的独立性，既不属于自然科学，也不属于人文、社会或艺术类科学；从它的学科结构看，数学是模型；从它的过程看，数学是推理与计算；从它的表现形式看，数学是符号，是语言；从对人的指导看，数学是方法论；从它的社会价值看，数学是文化，是工具。因此，对数学来说，过分强调某一方面，都可能忽视另一方面，因此很难给出一个比较确切的定义。从数学的研究对象的角度，将数学概括为：研究现实世界的数和形之间各种量、量变及其关系的一门科学。

（二）数学的特点

由于量存在于一切事物之中，贯穿于一切科学领域之内，凡要研究量、量的关系、量的变化、量的关系的变化、量的变化的关系时，就少不了数学。所以，数学作为研究量、量变及其关系的科学，它的研究对象较其他科学具有普遍性的特征。数学对象的这一基本特征决定了数学的一些主要特点和其他特征。

关于数学的特点，数理哲学家们早就有过概括，其中最具代表性的当数苏联数学家 A.D. 亚历山大洛夫等在其《数学——它的内容，方法和意义》一书中的观点："甚至对数学只有很肤浅的知识就能容易地察觉到数学的这些特征：第一，是它的抽象性，第二是精确性，或者更好地说是逻辑的严格性以及它的确定性，最后是它的应用的极端广泛性。"在我国，直至今日，人们在谈到数学的特点时，一般仍归结为"三性"：抽象性、严谨性、广泛的应用性。

1. 抽象性

数学具有高度的抽象性，这是人们所共知的，但这并不是说只有数学科学才是高度抽象的，而是指数学在抽象性方面，具有区别于其他科学的特点。

（1）数学抽象的彻底性：任何科学都具有抽象性，但数学的抽象最彻底，数学的抽象撇开对象的具体内容，仅仅保留空间形式或数量关系，这些形式的关系，只是一种抽象的思想材料，或者说是一种抽象结构。例如，世界上本来并没有"二次方程"，它是人们从现实世界数量关系中抽象出的思想材料，没有人，就不会有自然数、方程式、函数和勾股定理，也就没有数学的研究对象。数学以外的科学研究的对象是客观世界的具体物的形式或具体运动形态，它们的对象或是具体的实物，或是实际的具体形式，没有人固然没有原子物理学，但原子还是客观地存在于人脑之外的现实中，用一定的仪器设备可以观测得到。

数学对象不仅是抽象的思想材料，而且还是形式化的思想材料，即这些抽象的思想材料是用自己特有的符号语言组织起来的，脱离了具体内容的表示形式。

一个字母可以代表完全不同的意义，例如 A+B=C 直观上仅仅是一组符号，一种形式，它的真实含义可以是普通加法，也可以是矩阵加法，完全体现为思想材料，A+B=C 只不过是它们的表现形式而已。

（2）数学抽象的层次性：数学的抽象常常表现出多层次的过程，而且是从抽象到更加抽象的情况，即逐级抽象。例如，数、式、方程、函数、映射、关系等概念就是逐级抽象的，数学抽象发展过程可划分为三大阶段，即从对象的具体性质进行抽象、从具体的数量进行抽象、从数学对象之间相互关系的意义进行抽象。例如，从运算角度来看，最初是数的运算，后来发展为代数式的运算，再进一步抽象为代数系统的运算，如"向量""矩阵"的运算。

（3）数学方法的抽象性：数学的极度抽象还表现在它的研究方法也是抽象的、思辨的。由于数学对象是抽象的形式化的思想材料，这就决定了数学研究必然是思辨的方式，也就是数学活动是人类抽象的思想活动。数学的思想活动实际上是一种"思想实验"，与其他实验科学相比，数学"思想实验"不是在实验室里进行的，而是在人的大脑里进行的。人们利用各种思维方式（如逻辑推理和计算等）在大脑这个"思想实验室"里对抽象的形式化的思想材料（抽象的概念和它们的相互关系等）进行加工，创造出各种数学成果。

2.严谨性

数学的严谨性是指逻辑上要无懈可击，结论要十分确定，一般又称为逻辑严密性或严格性，结论确定性或可靠性。以数学确认真理的方式看，数学中使用逻辑的方法（至少基本情形是如此）是由数学研究的对象、数学这一门科学的本质属性所决定的。数学的抽象性质预先规定了数学只能用从概念本身出发的推理来证明，数学的对象是抽象的形式化的思想材料，它的结论是否正确，一般不能如物理等其他科学那样借助于重复的实验来检验，而主要依靠严格的逻辑推理来证明，而且一旦由推理证明了结论，那么这个结论就是正确的。

从数学发展的历史来看，数学的严谨性是相对的。例如，微积分刚刚创立时，逻辑上很不严密，但其获得了惊人的有效应用；直到后来经过数学家很长时间的努力，才使微积分建立了比较严格的理论基础，类似微积分这样的事例在数学中还有很多，所以数学的严谨性也是相对的，与数学发展的水平密切相关，随着数学的发展，其严谨的程度也在不断提高。

人们要求绝对严格的精神，推进了数学的研究，已经使数学（特别是在它的基础方面）在实质上以及面貌上发生了很大的变化。由于数学用严格的逻辑建立体系，用逻辑方法来确认真理，使数学成为具有严谨逻辑性的科学。正如日本数学教育家米山国藏所说的："在这种意义上，可以认为现今以一组不证明的命题、一组不定义的术语为基础的公理数学，才是最严格最广泛最抽象的科学体系""无论是在科学的严密性的意义上或者在教育的严密性的意义上，对数学而言，逻辑严密、主体严格是整个数学的生命，并且在使今天的数学大厦变得庄严壮观的同时，为使它坚固而不可动摇，严谨也是最有力的一个因素"。

3. 广泛的应用性

A.D. 亚力山大洛夫等在《数学——它的内容，方法和意义》中指出："数学生命力的源泉在于它的概念和结论尽管极为抽象，但却如我们所坚信的那样，它们是从现实中来的，并且在其他科学中、在技术中、在全部生活实践中都有广泛的应用；这一点对于了解数学是最重要的。"数学的抽象性，保证了它应用的广泛性，数学的对象——量与量的变化及其关系不仅仅存在于某种个别的物质结构层次和物质运动状态之中，而是普遍地存在于各种物质结构层次和物质运动状态之中。高度抽象的数学概念，反映着各种不同类型的具体对象中量的共同规律，这决定了数学可以广泛地应用于各种不同的对象和各种物质运动形态的研究之中，从这个意义上来讲，它是一切科学的工具。

首先，我们经常地几乎每时每刻地在生产中、日常生活中以及社会生活中运用着最普遍的数学概念、方法和结论；其次，对于力学、物理学、天文学、化学等自然科学，数学已成为无可争辩的有效工具，并且数学的应用范围在日益扩大，正如培根所说的数学是科学的大门和钥匙。

在科技高度发达的今天，数学的应用呈现了更加广阔的前景，许多抽象的数学理论得到了应用，数学向其他科学渗透又形成了许多新的交叉学科。一些过去与数学"无缘"的人文科学也与数学产生了联系，各门科学向着"数学化"发展，已成为当今科学技术发展的一个重要趋势，数学与社会及人们生活的关联也从来没有像今天这样紧密。比如：把数学方法引入史学研究产生了一门新学科——史衡学，开拓了史学研究的新领域，甚至，傅立叶级数在医学领域里发挥了意想不到的作用。近年来发展的一门新学科——计量诊断学，可以对各种疾病做出极其正确的诊断，心电图、脑电波都是随时间变化的周期函数，其分析推理都要用到傅立叶变换。数学与语言学的结合，产生了新兴的科学——数理语言学、计算语言学，把演绎方法引入语言学，则建立了代数语言学，特别是借助计算机，对语言进行整理、编撰辞书已经比较普遍。

近50年来数学在经济学中的位置越来越重要，它不仅帮助人们在经营中获利，而且给予人们能力，包括直观思维、逻辑思维、精确计算等，以至于今天，不懂数学就无法研究经济。当今世界，运用数学方法建立经济模型、寻求经济管理中的最佳方案，组织、调度、控制生产过程、从数据处理中获取经济信息等，使得代数学、分析学、运筹学、概率论和统计数学等数学思想方法进入经济科学中，并反过来促进了数学科学的发展。今天，一位不懂数学的经济学家是绝不会成为一位杰出经济学家的。

数学与高科技的相互渗透，在今天已经非常广泛、深刻。从20世纪90年代起，在全球应是"科学技术里面出政权"，高新技术本质上是一种数学技术。例如20世纪的中东战争、海湾战争、科索沃战争以及21世纪初的伊拉克战争就是数学战争。

以美国数学科学委员会前主席Phillip Griffiths为首的许多专家撰写的一份关于数学科学、技术和经济竞争力的报告中，特别强调："数学科学对经济竞争力生死攸关，数学科学是关键的、普适的、培养能力的技术。"他们认为："生产周期的每一环节，整个技术基础都离不开数学科学的应用""数学科学的各个不同领域都有广阔的用武之地，数学科学的研究活力是这些应用赖以生存的基础""数学科学是经济过程的一个十分重要的技术基础"。在这份报告中，还附录了美国商业部提出的12项新兴技术，这12项新兴技术中的一大半直接与数学模型有关。

华罗庚先生在他的著作《数学的用场与发展》一书中曾经说过："宇宙之大，粒子之微，火箭之速，化工之巧，地球之变，生物之谜，日用之繁，无处不用到数学。"用他的话来描述数学的广泛应用是一点也不为过，也正如马克思指出的：任何科学只有当它能够成功地运用数学时，它才能达到完善的程度，才算是真正发展了。

（三）作为教育学科的数学特征

抽象性、严谨性和广泛应用性是作为科学的数学的主要特点。作为教育科学的数学，日本数学教育家米山国藏指出具有下述两大特征：

1. 数学是一门渐进性的科学

数学是一门历史悠久、分支繁多、层次鲜明的基础科学。初等数学与高等数学、传统数学与近现代数学以及各分支数学都有不同的特点，因而也就形成了不同层次的对象和内容，它们的共同特点抽象性和严谨性也使其具有层次性和阶段性，这表明了数学知识具有继承性的特点。如前所述，数学是由简单明了的事项和逻辑推理结合而一步一步构成的，所以只要注意一步一步地去理解，并同时记住其要点，就一定能理解其全部内容，即若理解了第一步，就必然能理解第二步，理解第一步、第二步，就必然能理解第三步，就如登梯子一级一级地往上登，无论多小的人，只要他的腿长足以跨过第一级阶梯，就一定能从第一级登上第二级，从第二级而登上第三级、第四级……这时，只不过是反复地做同一件事，故不管是谁都应该会做，只要长年累月不停地攀登，最终一定可以达到"摩天"的高度，连自己也会发出"我竟然也能来到这高的地方"的惊叹的境界。以此类推，如果是一步步地循序渐进地学习数学，那么谁都会达到极高的水准。数学这一大特征在于若依其道而行，则无论什么人都能理解它；若反其道而行，则无论多么聪明的人都无法理解它。

2. 数学具有独特的语言、符号系统

人类文化知识依赖于语言而传播、保存。"为了有助于'人类思想表达的经济化'，数学使用了比其他任何科学都要丰富的数学语言"，数学语言如同数学的对象一样来源于人类实践，它源于人类的语言，随着数学抽象性和严谨性的发展，逐步演变成独特的语言符号系统。数学语言主要由文字语言（术语）、符号语言（记号）和图象语言组成，因此数学处处离不开术语和符号，正是这些术语和符号，才使数学王国充满了神奇。由于数学语言具有精确、简洁、形式化、符号化的特点，数学才得以广泛应用，成为一种工具和通用的技术，数学是一切科学的公共语言。

用数学语言表述的对象或现象是精确的，毫无歧义且非常简洁形式化，不会引起人们理解的混乱。数学就是研究用这种术语或符号（记号）所表示的"事物"

间存在的关系以及这些事物所具有的性质，并把它们应用于各种对象。

训练人们能自如地运用数学语言进行复杂高难的精神活动，这对人类的发展前进是非常重要的，这样才有可能促进人类文化的传播、科学技术的研究，才能够理解和运用更为复杂高深的科学理论。所以，不能只把数学中的符号、术语看作一种为使用方便而简化的工具，而要能够运用它们进行思维训练，这在数学教学中尤其重要。

二、数学的思想方法

如上所述，数学具有广泛的应用性。然而，数学提供给人类的不仅仅是现成的知识和工具，更重要的是，它提供给人类崭新的思想和方法。在数学思想方法中，影响和作用最大的就是公理化思想方法和数学模型方法以及具有广泛应用性的随机思想方法等。

（一）数学思想和数学方法

1. 数学思想

数学思想是现实世界的空间形式和数量关系反映到人的意识之中并经过思维活动而产生的结果，是对数学事实与数学理论（概念、定理、公式、法则、方法等）的本质认识，是从某些具体的数学内容和对数学的认识过程中提炼上升的数学观念。它在认识活动中被反复运用，带有普遍的指导意义，是建立数学和用数学解决问题的指导思想。

每门科学都逐渐形成了它自己的思想，而科学思想则是各门科学共同遵循和运用的思想的概括。数学思想是一类科学思想，但科学思想未必就单单是数学思想。例如，分类思想是各门科学都要运用的思想（比如语文分为文学、语言和写作等，外语分为听、说、读、写和译等，物理学分为力学、热学、声学、电学、光学和原子核物理等，化学分为无机化学和有机化学等，生物学分为植物学和动物学等），它不是单由数学给予的，只有将科学思想应用于空间形式和数量关系时才能成为数学思想。如果用一个词语"逻辑划分"作为标准，那么当该逻辑划分与数理有关时（称为"数理逻辑划分"），可以说是数学思想；当该逻辑划分与数理无直接关系时（比如把社会中的各行各业分为工、农、兵、学、商等），不应该说是运用数学思想，同样地，当且仅当哲学思想（比如一分为二思想、质量互变思想和肯定否定思想）在数学中予以大量运用并且被"数学化"了时，它们也可称之为数学思想。因此，作为一般科学方法的逻辑所包含的思想，例如"演绎思想""归纳思想""类比思想""分析思想""综合思想"等在数学中的运用已经被"数学化"了，它们均被称之为数学思想。

2. 数学方法

人们通过长期的实践，发现了许多运用数学思想的手段、方式和途径。同一手段、方式和途径在认识活动中被重复运用了多次，并且达到了预期的目的，便成为数学方法。数学方法是以数学为工具进行科学研究和解决问题的方法，即用数学语言表达事物的状态、关系和过程，经过推理、运算和分析，以形成解释、判断和预言的方法。

数学的方法同样具有数学科学的三个基本特点：一是高度的抽象性和概括性；二是精确性，即逻辑的严密性及结论的确定性；三是应用的普遍性和可操作性。数学方法也体现着它作为一般方法的性质和特征，是物质世界质与量的统一、内容与形式的统一的最有效表现方式。这些表现方式主要有：提供简洁精确的形式化语言，提供数量分析和计算方法，提供推理工具，建立数学模型。

任何一种数学方法的具体运用，首先必须将研究对象数量化，建立一个数学模型进行数量分析、测量和计算，并以其特有的语言符号对科学真理进行精确和简洁的表述。例如，海王星的发现就是由亚当斯和勒维烈运用万有引力定律，通过复杂的数量分析和计算在尚未观察到海王星的情况下推理并预见其存在的。又如，麦克斯韦建立的电磁规律——麦克斯韦方程组，预见了电磁波的存在，通过计算推断出其速度等于光速，并断言就是一种电磁波。于是，他把电、光、磁统一起来创立了系统的电磁理论。

数学方法在实际运用时往往具有过程性和层次性的特点，这是因为每一种数学方法都包含若干个环节，每个环节具有独特意义，环节之间又有一定关系。例如，伽罗瓦群论的产生和建立与代数方程的可解性（即五次以上代数方程没有根式解的问题）直接相关，在此问题的研究中，过程性尤为明显，从代数方程根与系数的关系开始，到提出预解式和预解方程的概念，从二次、三次、四次代数方程根的层次结构形式，到一般高次代数方程，若存在根式解，则公式中必将包含由开方根运算构成的一些层次，应把解的公式中层次结构的形式同域的扩张概念联系起来，把每一层次的对应域的形成要素归结为预解式和预解方程的寻求以及把预解式的寻求归结为置换群的各阶子群的结构分析等。伽罗瓦的成功之处和重要功绩就是在"预解式和预解方程的寻求"这一环节上，他看到了预解式的构成并不存在明确的方法或法则，即使是特殊的方程，构造其预解式也需要很大的技巧，经过变换问题的数学形式的深入研究，他设法绕过预解式，对置换群提出了一系列重要概念（如正规子群、单群、复群以及群之间的同构等观念），并证明了一些基本定理，建立了方程可解理论。

数学方法的层次性是由数学特点决定的。在全部数学内容中均包含着从客观现实到逐级抽象结果的不同层次；数学内容是数学方法的基础和载体，因此数学方法也有不同层次，当然，在不同层次间又有着交错的关系。例如，最简单的二元一次方程组的解法也有着三个层次：消元法是第一个层次；为消元可考虑用加减消元或代入消元，这是第二个层次；为此需要进行具体的恒等变形，这是第三个层次。一般来说，层次越低，可操作性越强；层次越高，包含的内涵越丰富。

3.数学思想与数学方法的关系

数学思想、数学观念与数学方法三者密不可分。如果人们站在某个位置，从某个角度并运用数学去观察和思考问题，那么这种思想产物就是数学观点；对于数学方法来说，思想是相应的方法的精神实质和理论基础，方法则是实施有关思想的技术手段；数学教育中出现的数学观念（例如方程观念、函数观念、统计观念、几何变换观念、向量观念等）和各种数学方法，都体现着一定的数学思想。

具体来说，数学方法是处理、探索、解决问题，是实现数学思想的技术手段和工具。"方法"是指向"实践"的，是理论用于实践的中介。数学方法的运用、实施与数学思想的概括、提炼是并行不悖的，它们相互为用，互为表里，数学思想又是数学中处理问题的基本观念，是对数学知识和方法本质的概括，是其精神实质和理论根据，是创造性地发展数学的指导方针，数学思想来源于数学知识与方法，又高于知识与方法，居于更高层次的地位，它指导知识与方法的运用，能使知识向更深、更高层次发展。有人说，一个方法就像一把钥匙，一把钥匙只能开一把锁，例如待定系数法只能解决知道结果形式的问题，数学归纳法只能解决与正整数有关的问题，而数学思想就相当于制造钥匙的原理。如果把技巧比作交通工具，方法比作交通方式，那么思想就是指示方向的路标和灯塔，也是有一定道理的。

一般来说，数学的方法都体现着一定的数学思想，故有人也称为数学思想方法，只是在强调指导思想时称数学思想，强调操作过程时称数学方法。例如，化归思想方法是数学方法研究问题的一种基本思想方法，人们在处理和解决数学问题时，总的指导思想是把问题转化为能够解决的问题，这就是化归思想，而实现这种化归，就是将问题逐渐地变换形式，通过不同的途径实现化归。例如，可通过一般化到特殊化、合情推理（归纳、类比）、恒等变形等途径来实现化归，这时就可以称为是化归方法。又如，在微积分中，极限思想是用运动变化的观点，使无限向有限转化即是"从有限中找到无限，从暂时中找到永久，并且使之确定下来"的一种运动辩证思想，在这种思想指导下，人们用"极限"来求导数、求积分、解方程组，就说是极限方法。

其实，数学思想和数学方法往往不加区别。M.克莱因的巨著《古今数学思想》，实际上说的都是"古今数学方法"，只不过从数学史角度看，人们更多注意那些数学大家们的思想贡献、文化价值，较少从"方法"的应用去考虑，因而才称之为数学思想。

（二）宏观的数学方法

数学方法具有层次性，这里仅从宏观层面上介绍具有典型数学特征的数学方法，从中进一步感受数学的特点。

1.公理化方法

数学被尊崇为严谨科学的典范，是由于它首先成功地贯彻公理化思想并运用公理化方法。公理化思想方法始于古希腊欧几里得的《原本》，它从五个公设和五条公理出发，运用演绎方法将当时所知道的几何学知识全部推导出来，并使之条理化、系统化，形成了一个合乎逻辑的体系。这是一个十分伟大的成就，它的意义已不仅限于数学，成为展示人类智慧和认识能力的一个光辉典范，由于公理化思想方法在数学中获得了成功的应用，因此，应用公理化方法来建立理论就成了现代自然科学研究的又一个重要传统，并逐步渗透到社会科学等其他科学。正如笛卡儿指出的：只有采用数学的方法，即公理化的方法，我们才能获得真正可靠的知识。公理方法的作用和意义可以从如下三方面来看：

（1）有利于概括整理数学知识并提高认知水平。由于公理化方法可以揭示一个数学系统或分支的内在规律性，从而使它系统化、逻辑化，有利于人们学习和掌握；又由于公理系统是一个逻辑系统，所以对培养学生的逻辑思维能力和演绎推理能力都有其重要意义。公理化思想的贯彻，可以使学习者了解数学各科各个系统中的原始概念与公理在同"系列知识"中的逻辑顺序，从而理清有关数学知识在知识系统中的地位，防止"循环论证"等逻辑错误，同时使他们能借助公理化思想去求得新知并提高认知水平。

（2）促进新理论创立。由于对公理化思想逻辑特征的研究，发现了很多新的数学分支和新的数学成果。例如，对欧氏几何公理系统第五公设"审查"发现了非欧几何；对公理系统协调性的研究，希尔伯特等数学家和逻辑学家创立了元数学或证明论；对形式系统与其相适应的模型之间关系的研究，使抽象代数与数理逻辑相结合产生了一个新的边缘学科——模型论；对非标准模型的研究产生了非标准分析等。又如，20世纪初公理集合论的出现，不仅避开了康托尔的朴素集合论中的悖论，而且使一些长期以来尚未解决的"老大难"问题得到了有效解决，有的问题虽未彻底解决，但已取得了很大的进展，最突出的例子就是20世纪60年代柯恩对连续统假设及选择公理所获得的重要结果。由于现代公理化思想与现代数理逻辑结成"伴侣"，从而对数学向综合化、机械化方向的发展起到了推动的作用。

（3）由于数学公理化思想表述数学理论的简捷性、条件性和结构的和谐性，从而为其他科学理论的表述起到了示范作用，其他科学纷纷效法建立自己的公理化系统。例如，17世纪牛顿从少数几条公理（牛顿三大定律）出发，用逻辑推理把力学定律逐个推演出来，写出了《自然哲学的数学原理》，被认为是经典力学的奠基著作；在科学史上可与欧几里得的《几何原本》媲美的有18世纪拉格朗日的《解析力学》、19世纪克劳修斯的《热的机械运动理论》，这些著作以及相对论、伦理学都使用了公理化思想，特别是20世纪40年代理论力学运用公理化思想是最突出的例子。

（4）我们顺便指出，既要肯定公理化思想对基础数学教育的指导作用，用其基本思想把握大学数学的结构体系，也要辩证地看到公理系统的严格性不是绝对的，要从教育对象出发全面考虑公理化思想的恰当运用。只有这样，才能在研究和使用大学数学教材的过程中，发挥公理化思想的积极作用。

2. 数学模型方法

一般认为模型是指所研究对象或事物有关性质的一种模拟物，数学模型则是那些利用数学语言来模拟现实的模型。广义地说，一切数学都是数学模型，实数系是时间的模型，微积分是物体运动的模型，概率论是偶然与必然现象的模型，欧氏几何是现实空间的模型，非欧几何是宇宙空间无限的模型，一切数学概念和知识都来源于现实，都是数学模型。

数学模型方法是指对某种事物或现象中所包含的数量关系和空间形式进行的数学概括、描述和抽象的基本方法，建立数学模型的过程，是一个科学抽象的过程。即善于把问题中的次要因素、次要关系、次要过程先撇在一边，抽出主要因素、主要关系、主要过程，经过一个合理的简化步骤，找出所要研究的问题与某种数学结构的对应关系，使这个实际问题转化为数学问题；在一个较好的数学模型上展开数学的推导和计算，以形成对问题的认识、判断和预测。这就是运用抽象思维来把握现实的力量所在，模型这一概念在数学上已变得如此重要，以至于许多数学家都把数学看成"关于模型的科学"。怀特海指出："数学对于理解模式和分析模式之间的关系，是最强有力的技术。"物理学家博尔茨曼认为："模型，无论是物理的还是数学的，无论是几何的还是统计的，已经成为科学以思维能力理解客体和用语言描述客体的工具。"这一观点目前不仅流行于自然科学界，还遍布于社会科学界，自然界和人类社会的各种现象或事物建立模型，是把握并预测自然界和人类社会变化与发展规律的必然趋势。在欧洲，在人文科学和社会科学中称为结构主义的运动，雄辩地论证 r 所有各种范围的人类行为与意识都有形式的数学结构为基础，在美国，社会科学自夸有更坚实、定量的东西，这通常也是用数学模型来表示的，从模型的观点看，数学已经突破了量的确定性这一较狭义的范畴而获得了更广泛的意义。通常，人们要掌握的数学模型方法是研究特定问题、构建特定模型的一种数学方法。然而，建立数学模型则需要人们的想象力和技巧，正如瞎子摸象一样，人们从一个侧面只能察觉问题的局部特征，虽然是真实的反映，却是片面的，只有把各个部分的认识综合起来，构成一个假想模型，然后经受实践检验来判定模型的可信程度。在数学教育和教学中，往往强调逻辑推理多于强调建立数学模型，只在纯数学推理圈内活动；将数学问题的源头（模型）和去向（应用）都弃而不顾，恐怕很不足取，我们必须下大力气去教给学生作为未来公民人人都要懂，将来要会用的数学模型。

3. 随机思想方法

20世纪数学的一个重大进展是随机数学的兴起与迅猛发展。我们知道，人类社会和自然界存在着三类现象：确定现象、模糊现象、随机现象，相应地，就有确定性数学、模糊数学和随机数学之分。

随机数学的核心内容是概率论与数理统计，所谓随机方法又称概率统计方法，就是指人们以概率统计为工具，通过有效的收集、整理受随机因素影响的数据，从中寻找确定的本质的数量规律，并对这些随机影响以数量的刻画和分析，从而对所观察的现象和问题做出推断、预测，直至为未来的决策与行动提供依据和建议的一种方法，随机方法被认为是人类在20世纪内获得的重要思想方法之一。目前已广泛应用于工业、农业、国防、天文、气象、地质及经济管理、医疗卫生、文化教育、社会人文、保险业、证券等领域，并获得了巨大的成功。当今，随机数学与计算机相结合，极大地促进了随机数学的发展，成为处理信息、判断决策的重要理论和方法，概率统计方法具有其自身的许多特点，主要体现在以下几方面：

（1）概率统计方法的归纳性，概率统计方法的归纳性质，缘于它在做出结论时，是根据所观察到的大量个别情况"归纳"所得，而不是从一些假设、命题、已知的事实出发，按一定的逻辑推理得出来的。例如，人们通过大量的观察资料，发现吸烟者中患肺癌的比例远远高于不吸烟者，从而得出吸烟与患肺癌有关的结论。

（2）处理的数据受随机因素影响：随机因素是指人们不能控制的偶然性因素。如果没有随机因素的干扰，也就不需要概率统计方法处理。例如，想了解全国大学教师的月平均工资，若把每个大学教师的月工资都调查清楚，再将结果加以平均，就得到确切的答案，这是一个普通的算术问题，无概率统计方法可言，如果人们只随机抽出一部分大学的一部分教师来调查，就会有误差，它的产生是由于所抽取的教师是随机的，因而误差带有随机性。概率统计方法就是由所抽取的"部分"带有随机误差的结果来推断"整体"的性质，并研究这种推断的可靠性的。

（3）处理的问题一般是机理不甚清楚的复杂问题：概率统计方法所处理的问题一般都是机理不甚清楚或基本不了解的复杂问题。例如：通过考古挖掘出的古人头盖骨的容量、周长等判断此人的性别；分析气候条件、土壤条件、肥料种类对农作物产量影响的显著性；考察人们的工资对工作满意程度是否有显著影响；根据某种产品的一些非破坏性指标将产品划分为不同的等级类型等。

（4）概率数据中隐藏着概率特性：人们通过大量重复观测得出的数据，经过科学整理和统计分析，会呈现出一定的概率规律。例如，1662 年英国的格劳特在很长一段时间内统计出在教堂接受洗礼的男孩有 139782 名，女孩有 130866 名，即男女比例几乎一样；18 世纪英国政府统计的死亡公报中，关于各种年龄的死亡率为人寿保险公司提供了依据；1865 年奥地利遗传学家孟德尔发表报告，通过对黄豌豆和绿豌豆杂交得到的统计数据用概率统计的方法对遗传基因做出新的判断，为数量遗传学揭开了序幕。

当今是信息时代，数据是信息最常见的一种形式，大到科学技术的发展和人类社会的进步，小至每个人的日常生活，随机思想方法都发挥着重要的作用。或许在将来，正如英国小说家 H.G.Wells 所预言的那样，"统计的思维终将如同阅读和书写一样，成为优秀金民的必备条件"。

三、数学的作用

通过前面的分析，我们可以看出，数学对推动人类进步与社会进步，形成人类理性思维和促进个人智力发展等多方面具有重要的作用。

1. 对于人类进步和社会发展的重要影响

数学的知识、思想、方法对于人类进步与社会发展产生重要影响，这在前几节论述中已有所体现。比如，从古希腊时代欧几里得的公理体系雏形，到希尔伯特形式化的公理系统；从牛顿不太严密的微积分，在欧拉等一大批伟大的数学家发现分析数学丰富的结论和方法的基础上，到19世纪、20世纪之交，形成了一个严密的、逻辑的数学分析体系。这种思维模式不仅利于数学的发展，而且对于科学的发展和人类思想的进步都起到了重要的作用，西方的科学家和思想家常常以这种思维模式来思考和研究科学、社会、经济以至政治问题。从柏拉图、培根、伽利略、笛卡儿、牛顿、莱布尼茨一直到近代的很多思想家常常遵循这种思维模式。例如，牛顿从他著名的三大定律出发，演绎出经典力学系统；美国的《独立宣言》是又一个例子，它的作者试图借助公理化的模式使人们对其确实性深信不疑："我们认为这些真理是不证自明的……"不仅所有的直角相等，而且"所有的人生而平等"；马克思从商品出发，一步步演绎出资本主义经济发展的过程和重要结论，这个过程也受到了公理化思想的影响。

实际上，欧几里得公理化的思想受到了某种哲学思想的影响。古希腊时代，占主流的知识分子大都认为自然界是按照数学的规律运行的，所以非常重视数学，才由此形成对数学的整理并使之系统化，出现了欧几里得几何；后来文艺复兴时期笛卡儿的思想、希尔伯特统一的思想、罗素主义等，都受着某种哲学思想的指导。因此，他们不仅仅是在研究纯粹数学，而且也描述了自然界。而我国古代社会和文化传统对于数学乃至科学技术并不重视，只是作为编纂历书、工程、运输、管理等方面的计算方法，在这种背景下，我国古代可以提出一些很好的算法或朴素的概念和思想，如位值制、负数、无理数、极限的思想，但没有上升到理论体系，在文化传统中不占主流地位，甚至明朝有的皇帝认为机器是奇技淫巧。因此，我们讲数学不只是讲数学本身及其应用，更重要的是要让人们知道：如果不从数学在思维方面所起的作用来了解它，不学习运用数学思维方法，我们就不可能完全理解人文科学、自然科学、人的所有创造和人类世界，从而就很难为人类做出更大的贡献。我们应该特别重视数学思想在高职高等数学的教学改革进步和社会发展中的重要作用。

2. 探索自然现象、社会现象的语言与工具

数学的发展经常与探索自然现象、社会现象的基本规律联系在一起，这一点是不能忽略的。数学从它萌芽之日起，就成为了解决因人类实际需要而提出的各种问题的语言与工具。西方数学非常重视数学与自然、社会、科学技术的密切联系。

古希腊人不仅在数学上做出了巨大贡献，他们对自然界的看法也是对后人同样重要的一种贡献与启发，他们把数学等同于物质世界，并在数学里看到关于宇宙结构和设计的最终真理；他们建立了数学和研究自然真理之间的联系，这在以后便成为现代科学的基础本身。其次，他们把对自然的合理化认识推进到足够深远的程度，使他们能够牢固树立一种信念，感到宇宙确实是按照数学规律设计的，是有条理、有规律并且能为人所认识的。例如，欧几里得除了那本著名的《几何原本》外，还写过不少天文、光学和音乐方面的著作，现存的有《数据》《论剖分》《现象》《光学》和《镜面反射》；另外一位伟大的数学家阿基米德，他的著作极为丰富，涉及数学、力学及天文学等；亚历山大后期的托勒玫在《天文学大成》中不但总结了直至当时的天文学知识，还总结了以前的古代三角学知识，而三角术正是为天文学上的应用而产生的。

到了近代，数学的发展与科学的革命紧密结合在一起，数学在认识自然和探索真理方面的意义被高度强调，成为诸如物理、力学、天文学、化学、生物等科学的基础。数学为它们提供了描述大自然的语言与探索大自然奥秘的工具，回顾科学发展的历史，许多天文学、物理学的重大发展无不与数学的进步有关。牛顿万有引力定律的发现依赖于微积分，而爱因斯坦的广义相对论的建立则与黎曼几何及其他数学的发展有关，这些都是人所共知的历史事实。

今天，我们正处在高科技时代，自然科学的各研究领域都进入了更深的层次和更广的范畴，这就更加需要数学。许多十分抽象的数学概念与理论出人意料地在其他领域中找到了它们的原型与应用，数学与自然科学和技术科学的关系从来没有像今天这样的密切，许多数学的高深理论与方法正在广泛地渗透到自然科学和技术科学研究的各个领域。比如，分子生物学中关于 DNA 的分类研究就与拓扑学中的纽结理论有关。数学运用于生命科学的研究前景广阔，方兴未艾，自然科学的研究正在呈现一种数学化的趋势。

数学不仅是自然科学的基础，而且也是一切重大技术革命的基础。20 世纪最伟大的技术成就之一是电子计算机的发明与应用，它使人类进入了信息时代。然而，无论是计算机的发明，还是它的广泛使用，数学都起着基础作用，而在当今的计算机的重大应用中，都包含着数学的理论与技术。数学和计算机技术的结合形成了数学技术，数学技术成为许多高科技的核心，甚至像数论这样过去认为没有实际应用的学科，在信息安全中也有了突破性的应用，如公开密钥体制的建立等。这一系列的事实说明数学正从幕后走向台前，直接为社会创造价值，甚至有人说："高科技本质上就是数学技术。"

生活、生产、科学、技术等各个领域都要求人们学会并使用数学语言。数学语言（符号系统）现在已成为通用的语言，在现代社会中，许多事物均用数学来表征，从基本的度量如长度、面积、重量到门牌号码、电话号码、邮政编码以及体格检查如体温、血压、肝功能、血脂、白细胞等，无一不用数学来表示。各个民族都有自己的语言。有些语言为多个民族所共用，但仅有数学的"语言"为世界各民族所共用，一切数学的应用，都是以数学语言为其表征的，数学语言已成为人类社会中交流和贮存信息的重要手段。因此，数学语言是每个人都必须学习使用的语言，使用数学语言可以使人在表达思想时做到清晰、准确、简洁，在处理问题时能够将问题中各种因素之间的复杂关系表述得条理清楚、结构分明。

可见，没有数学这样一种科学的语言，就不可能有自然科学与社会科学的现代发展。

3. 提高文化素质与发展科学思维

我国著名数学家王梓坤院士在其《今日数学及其应用》一文中通过一系列的分析和案例实证之后指出："数学的贡献在于对整个科学技术（尤其是高新科技）水平的推进和提高，对科技人才的培养和滋润，对经济建设的繁荣，对全体人民的科学思维与文化素质的哺育，这四个方面的作用是极为巨大的，也是其他学科所不能全面比拟的。"可见，数学不仅推动了人类文明的发展，提供了研究自然现象与社会现象的语言，而且在培养人的思维能力、发展智力因素与情感因素方面具有不可或缺的突出作用。

加里宁曾说："数学是锻炼思维的体操。"数学思维不仅有生动活泼的探究过程，其中包括想象、类比、联想、直觉、顿悟等方面，而且有严谨理性的证明过程，通过数学培养学生的逻辑思维能力是最好、最经济的方法。在学习数学知识及运用数学知识、思维和方法解决问题的过程中，能培养辩证唯物主义世界观，能培养实事求是、严谨认真和勇于创新等良好的个性品质，这对于人的身心发展，无疑将起到重大作用。

许多受过数学教育离开学校的人们都有这样的体会：在工作中真正需要用到的具体数学分支学科和具体的数学定理、公式和结论其实并不多，学校里学过的一大堆数学知识很多都似乎没有派上什么用处，但所受的数学训练、所领会的数学思想和精神，却无时无刻不在发挥着积极作用，成为取得成功的最重要的因素。因此，如果仅仅将数学作为知识来学习，而忽略了数学思想对学生的熏陶以及学生数学素质的提高，就失去了数学教育的意义。

实际上，通过严格的数学训练，可以使学生具备一些特有的文化素质，这些素质包括：

（1）通过数学的训练，可以使学生树立明确的数量观念，"胸中有数"，认真地注意事物的数量方面及其变化规律。

（2）提高学生逻辑思维能力，使他们思路清晰，条理分明，有条不紊地处理头绪纷繁的各项工作。

（3）数学上的推导要求每一个正负号、每一个小数点都不能含糊敷衍，有助于培养学生认真细致、一丝不苟的作风。

（4）数学上追求的是最有用（广泛）的结论、最低的条件（代价）以及最简明的证明，可以使学生形成精益求精的风格。

（5）通过数学的训练，使学生知道数学概念、方法和理论的产生与发展的渊源及过程，了解和领会由实际需要出发到建立数学模型，再到解决实际问题的全过程，提高他们运用数学知识处理现实世界中各种复杂问题的意识、信念和能力。

（6）通过数学的训练，可以使学生增强拼搏精神和应变能力，能通过不断分析矛盾，从表面上一团乱麻的困难局面中理出头绪，最终解决问题。

（7）可以调动学生的探索精神和创造力，使他们更加灵活和主动，改善所学的数学结论、改进证明的思路和方法、发现不同的数学领域或结论之间的内在联系、拓展数学知识的应用范围以及解决现实问题等方面，逐步显露出自己的聪明才智。

（8）使学生具有某种数学上的直觉和想象力（包括几何直观能力），能够根据所面对的问题的本质或特点，八九不离十地估计到可能的结论，为实际的需要提供借鉴。

（9）数学中处处展示着数学符号简练抽象美、数学图形和谐对称美、数学结构协调完备美、数学方法多样奇妙美等，这些美既可诱发学生的非智力因素，又可以诱发学生的无限创造力，使他们的情操受到陶冶，树立起正确的世界观和人生观。

数学是人类文明、人类文化的一个重要组成部分，对人类文明的发展有着举足轻重的作用，是人类文化发展的关键力量。它关系到一个民族的文化兴衰，也关系到一个民族的兴盛和衰落。齐民友先生说："一种没有相当发达的数学文化是注定要衰落的，一个不掌握数学作为一种文化的民族也是注定要衰落的。"这是一条极富哲理的真理，人们必须认识到数学素养是一种文化素质，清楚地看到"数学作为一种看不见的文化"对于人类的特殊重要性。所以，数学教育不单纯是数学科学的教育，从某种意义上讲，它更是数学文化的教育，对提高一个民族的科学与文化素质起着非常重要的作用。

第二节　数学教学理论与发展

一、教学与教学理论

教学理论是关于教学的理论，因此在回答"教学理论是什么"之前，必须回答"教学是什么"，只有明确了教学概念，才能确定关于教学的理论。

（一）教学的基本含义

教学可以作为日常概念，也可以作为科学概念。作为日常概念，它有多种含义；作为科学概念，它尚未有得到多数人认可的定义。然而，概念的清晰对于一门学科来说，是必不可少的前提条件。因此，首先要对这一问题进行梳理，为教学的规定性定义做些铺垫。

教学的语义分析，可以按不同语种进行，这里的分析仅限于汉语和英语。将汉语中对教学的含义的讨论进行整理，教学的语义可以归为如下四类：① 教学即学习：这一观点主要是受《学记》中的"教学相长"思想的影响；② 教学即教授：这一观点主要是受赫尔巴特学派思想的影响，赫尔巴特抨击卢梭的观点，强调教师的权威，强调传授系统的科学文化知识；③ 教学即教学生学：这一观点主要是受杜威"在做大学"思想的影响；④ 教学即教师的教与学生的学：这一观点主要是受凯洛夫学派思想的影响，凯洛夫学派从哲学认识论的高度分析认为，教学过程是一个特殊的认识过程，它由教师的教与学生的学两个方面组成。

美国教育学家史密斯（Smith）把英语国家对教学含义的讨论作了整理，并把它归为如下五类：① 描述式定义：教学是传授知识或技能；② 成功式定义：教学意味着不仅要发生某种关系，还要求学习者掌握所教的内容；③ 意向式定义：教学是一种有意向的行为，其目的在于诱导学生学习；④ 规范式定义：教学作为一种规范性行为，教学活动必须符合特定的道德条件；⑤ 科学式定义：a=df（b，c，…），其中"a"表本"教学是有效的"，"（b，c，…）"表亦"教师做出反馈""教师说明定义规则并举出正反两方面的实例"等命题的组合，"=df"表示随着命题之间的微小变化，将发生变化。

我们知道，概念化是日常语言上升为科学语言的渐进的过程。汉语"教学"一词的发展，主要是语义本身发生了变化，这种变化的原因是教学的前提条件不同或外部某种思想的传播与介入，使得部分有识之士抛弃原有的语义，去寻找一种新的语义，从语义本身来看，都可归结为描述性定义，同义不是十分清晰，概念的外延没有明确的界定，比较接近日常语言，抽象度不高，英语"teach"一同的演变主要是人们界定的方式不同。从语义来看，后面四种定义都可归结为规定性定义，概念的内涵和外延都比较明确，并尝试用公式来描述，比较接近科学语言。

（二）教学发生的必要条件

基于对教学的语义分析，接下来要思考的一个重要问题，就是教学在什么条件下才算发生。我们认为，教学的发生有两个必要条件，其一是引起学生的学习意向，其二是用易于学生觉知的方式暗示或明释学习的内容。它们又可以被分解为如下三个方面：一是它们必须与引起学习的意图相联系；二是它们必须说明或展示学习的内容；三是它们必须用易于学习者理解并适于学习者能力的方式来进行。具体来说，即：① 引起学生学习的意向：所有教学活动的背后，都有一个引起学生学习意向的问题，教学不再是指人们必须学习某种东西，相反，教学意味着教师有目的地引起学生的学习。② 明释学生所学的内容：这里的明释是指教师的说明与解释，教学的意向需要有相应的、以目标为定向的内容与方法来实现，否则意向就成了空想。因此，为了实现教学的意向性，教师必须向学生说明、演示、描述、解释学习内容，如果不是公开这样做，至少也要有一定的暗示。对于教学来说，最重要的是以目标或内容为定向的行为，即教师在课堂中呈示学生学习的内容、采用问答的方法、设计教学卡片、组织安排发现的情景、指导学生的活动等多种形式。③ 采用易于学生觉知的方式：即使上述两个条件都符合，人们所做的努力还有可能不是教学，因为这些努力不能证明学生事实上能够学会所学的内容。正如特定的教学活动必须说明特定的内容一样，教学活动还必须用易于学生觉知的方式，也就是适合学生发展水平的方式明释学生所要学的内容，采用不易于学生觉知的方式呈示学习内容就不是教学，这也是比较进步的教学方法的倡导者的功劳，他们极力主张教师的工作必须以学生已有的知识状况和认知发展水平为根据。因此，真正的教学活动必须符合逻辑上是必要的两个条件：引起学生学习的意向，采用易于学生觉知的方式暗示或明释学生所学的内容。

（三）教学理论的探索

教学理论与关于学习的学习理论不同，教育心理学家布鲁纳认为，教学理论是一种处方性和规范性的理论，而学习理论是描述性的。教学理论所关心的是怎样最好地教会学生想学的东西，它所关心的是促进学习而不是描述学习，教育心理学家奥苏伯尔发展了这种思想，他认为，从约定俗成的意义上说，有效的学习理论并不能告诉我们如何教学，但是它确实给我们提供了最可靠的起点，从中可以发现按师生的心理过程和因果关系两方面来阐明教学的一般原理。

教学理论的研究对象是教学，学习理论的研究对象是学习，前者主要研究"怎样教"的问题，后者主要研究"怎样学"的问题。当然，"怎样教"问题的解决必须根据"怎样学"，这种以学论教的思想在中国古代的《学记》中有充分的体现，《学记》是世界教育史上最早论述教学的专著，是中国儒家教学思想之集大成者，至今对教学理论的探索仍具有启迪意义。教学作为一门科学的系统理论，其基础是由捷克教育家夸美纽斯奠定的，夸美纽斯的《大教学论》是第一本最系统地总结了欧洲文艺复兴以来的教学经验的著作，它奠定了教学作为一门学科的基础。真正使教学成为一门独立的学科，那是德国教育家赫尔巴特的功劳。直到1806年赫尔巴特的《普通教育学》确立了以实践教学和心理学为理论基础的教学理论，才使教学论成为一门独立的学科。之后，教学理论朝着哲学和心理学两个方向发展：其一是欧洲（尤其是德国和苏联）与日本、中国以伦理学和认识论为理论基础来构建教学理论的体系；其二是英语国家（尤其是北美）以心理学为理论基础来构建教学理论的体系。

对教学理论的探索，势必要涉及教学（理论）与课程（理论）的关系，这里无意将二者对立起来，认为它们二者是"和而不同"的关系：① 课程与教学虽然有关联，但又是各不相同的两个研究领域，课程强调每一个学生及其学习的范围（知识或活动或经验），教学强调教师的行为（教授或对话或导游）；② 课程与教学存在着相互依存的交叉关系，而且这种交叉不仅仅是平面的、单向的；③ 课程与教学虽是可以进行分开研究与分析的领域，但是不可能在相互独立的情况下各自运作；④ 课程作为晚于教学的一门独立的研究领域，一般认为，美国课程专家博比特的《课程》标志着课程作为专门研究领域的诞生，泰勒的《课程与教学的基本原理》被认为是现代课程理论的基石，是现代课程研究领域最有影响的理论框架；⑤ 教学理论主要研究教学的目的和任务、教学过程（规律与原则）、教学内容、教学组织形式、教学手段与方法以及教学效果的检查与评定等，课程理论主要研究课程的设计、编制和课程改革。

教学理论主要是一种规范性、实践性的理论。它主要关心两大问题：一是教师的教如何影响学生学的；二是怎样教才是有效的，如何对教学行为进行一定的规范，并给教师提供一系列使教学有效的建议或处方，前者的描述为后者的规范提供科学基础。因此，从这个意义上说，后者比前者更重要，它是教学理论的核心问题，教学理论不排除对学生学习的关注与研究，然而它会把关于学生学习的研究让位给学习理论，并作为学习理论的核心问题。

二、教学理论的形成与发展

教学理论的形成与发展经历了一个漫长的历史阶段——从教学经验总结，到教学思想成熟，再到教学理论形成与发展，这一进程是人们对教学实践活动的研究不断深化、不断丰富的过程。理论如果没有思想的引领就是灰色、苍白和缺乏生命力的，只有把握理论背后的思想，理论才是鲜活的。

即 $\begin{cases} x^2 + (4-y)^2 = 4^2, \\ x^2 + (1+y)^2 = 3^2, \end{cases}$

解得 $\begin{cases} x = \dfrac{12}{5} \\ y = \dfrac{4}{5} \end{cases}$

$\therefore S_{梯形} = \dfrac{1}{2}(1+4) \times \dfrac{12}{5} = 6\,(\mathrm{cm}^2)$

（一）教学理论的形成

教学发展的轨迹在很大程度上就是教育发展的轨迹。正如同在先秦诸子典籍里几乎能见到中国传统文化渊源的全部内涵一样，古希腊先衍们在狭小孤岛的文化界域里探索研究所得出的结论也以不可估量的巨大张力，深刻地影响着西方文化。古希腊时期的教学思想的确是西方以至世界宝库里的一份遗产。在 20 世纪初教学思想的觉醒、新教学论崛起并流变的过程中，这些思想依然负载着新质再度"复兴"。

1. 西方古代教学思想

（1）古希腊教学思想：古希腊教学思想强调人文主义和自由主义，苏格拉底开创了西方最早的启发式教学（产婆术），德谟克利特主张不应该把教学的目标放在"多知"上，而应放在"多想"上，主张教会人们去思想。柏拉图师从苏格拉底，主张调和斯巴达和雅典的教育，使学生的身体和精神获得完美的发展，认为"思想力是各项智力的源泉"。柏拉图可以说是"形式教育论"的先导，亚里士多德师从柏拉图，最早注意学生发展的阶段性，第一次提出了学生年龄分期，也是首次提出教育要与人的自然发展相适应，认为第一阶段（0—7岁）主要进行体育；第二阶段（7—14岁）主要进行德育；第三阶段（14—21岁）主要进行智育。其中第三阶段以智育为主，以便发展青年的理性灵魂，上述三阶段提出的心理学依据主要是认为灵魂有三种：植物的灵魂，表现为营养与繁殖；动物的灵魂，表现为感觉与欲望；理性的灵魂，表现为理智和沉思，与之相适应的就是上述三方面的教育，即体育、德育、智育，教育的基本目的在于使这三种灵魂都得到全面、和谐的发展。

古希腊原始丰富的教育思想，在经历两次否定之否定后渊源般流进当代教育教学思想中，其间的两次"否定之否定"分别是文艺复兴以后教育的人文主义再生和浪漫主义启蒙（古希腊教育—中世纪教育—文艺复兴教育）以及20世纪导源于心理分析、无意识和潜意识研究而终至尊重人格内在力量的人本主义教育思潮（文艺复兴教育—工业化时期的功利主义教育思想—人本主义教育），在经历上述两次否定之否定后依然保留下来的主题，也是在教育史中纵横贯穿的主题，同时也是在有贡献的教育理论家著作中流传着的思想主题，那就是：相信成长的内在力量，走向光明是人的本性，发展是人本身潜在力量的展开，而教育者要相信这种力量。

（2）古罗马的教学思想：古罗马教学思想集中反映在昆体良《雄辩术原理》中，它被誉为西方最早的教学法论著。昆体良的教学法思想博大精深，具体来说，包括如下五个方面：① 在教育史上首次明确提出了班级教学制：这一形式后经夸美纽斯的进一步设计发展，一直延续保留至今；② 最早提出教学中的量力性原则：他认为，教学必须适度，教师所传授的知识的分量要适应学生的天性，符合学生的接受能力，过与不及都是不正确的；③ 继承和发扬了苏格拉底启发式教学的思想：提出"教是为了不教"的深刻见解，并认为启发式教学的主要方法是善问、善答和善待问者；④ 为了防止学生疲劳过度：他提出了学习与休息相间和变换课业的教学思想；⑤ 最早提出反对体罚。

正如任何由于艺术而日臻完善的事物都是从原始状态中产生出来的一样，西方教学理论也是从它的雏形产生出来的，古罗马昆体良的《雄辩术原理》在某种意义上可以认为是西方教学理论的原始雏形或胚胎，可以和中国古代的《学记》相媲美。

2. 西方近代教学思想

文艺复兴以后，针对中世纪神学思想的束缚，培根喊出了"知识就是力量"的口号，以近代教学思想为支撑的教学理论，一般称为传统教学论，它的理论基础就是传统知识论，属于以教为本的研究。由于其主流思想方式是偏重记忆，囿于现成知识接受这一要素主义的思想方式，所以近代西方教学论又可以称为记忆教学论（区别于现代的思维教学论）。

17世纪以来，教育文献中哲学洞察力与实践智慧的结合是教学思想发生重大理论进步的内在力量，沿着这一线索进行文献梳理和探究，就有理由认为西方近代教学理论（教学思想）的形成开始于拉特克，完善于赫尔巴特。

（1）拉特克的"教学论"：在西方教育史上，第一个倡导教学理论的是德国教育学家拉特克，他在《改革学校和社会的建议》中，自称是教学论者，称自己的新的教学技术为"教学论"。他致力于探求教授之术，开拓教学理论的领域，他认为"如何教授"这一教学方法问题应当是教学理论的中心问题，他指出，教师不仅要精通所教的内容，还要懂得怎样教，才能使学生最容易、最牢固地掌握。更为重要的是，他认为必须从各学科的性质出发引申出教学方法的依据和原则，孕育了"教与学科对应"的思想。

（2）夸美纽斯的"教学论"：17世纪捷克教育家夸美纽斯进一步发展了拉特克的观点，他把培根的知识论和方法论直接应用于教育，提出人的生长像自然界的动植物一样，是有一定秩序的。学生是人生的春天，教育应当适应这种自然：自然适应性原则是教学的方法论原则，这一方法论原则孕育了"教与学对应"的思想，在这一原则指导下建立学年制和班级授课制是一种适宜的做法，教学要遵循直观原理、活动原理、兴趣与自发原理。夸美纽斯的"教学论"集中反映在其《大教学论》中，《大教学论》开宗明义：教学的艺术就是"把一切事物教给一切人的艺术"，"寻找一种教学的方法，使得教师可以少教，学生可以多学"。

（3）卢梭的发现教学论：教学论是研究教学规律及其应用的科学。文艺复兴以后的教学论，由夸美纽斯起步、卢梭发展、福禄贝尔等人继承，卢梭发展了夸美纽斯的教学思想，他在自然教育论和学生中心论的观念指导下提出了体现上述理念的教学论，这就是发现教学论。基于规律是从现象中发现的这一事实，卢梭认为：① 发现是人的基本冲动；② 问题不在于告诉他一个真理，而是教他怎样去发现真理；③ 活动教学与实物教学是发现教学的基本形式；④ 发现教学指向培养自主的理性的人格：卢梭在《爱弥儿》中表达了其教育理念和教学思想，同时播下了浪漫主义教学思想的种子，关于这颗种子后来的生长情况，布鲁巴克作了一个绝妙的概括：卢梭播下的浪漫主义种子绽放出的花朵在福禄贝尔的教育方法的园地里比裴斯泰洛齐、赫尔巴特的园地里开得更加艳丽，福禄贝尔是卢梭浪漫自然主义和理想人本主义的继承者，他的思想承前启后，跨越过赫尔巴特的某些藩篱，渊源般地流进20世纪以学生为基调的杜威的思想。

（4）赫尔巴特的"教育学"：拉特克和夸美纽斯使用的"教学论"主要是指教学艺术，赫尔巴特用"教育学"（学生教育指导学）来代替它。从赫尔巴特的"教育学"来看，它涉及的主要问题集中在教学方法和学生管理两个方面。赫然巴特的"教育学"标志着独立教学理论的形成，作为对教学理论的总结，可以概括出赫尔巴特学派的主要贡献：① 建立统觉（原有经验的基础上形成新观念的过程）论为基础的教学理论；② 正确阐明了多方面兴趣是传授新知识、形成新观念的基本条件；③ 创立了教学过程四阶段（明了—联想—系统—方法），后演变为五段教学法（分析—综合—联合—系统—方法）；④ 明确提出了教育性教学的概念。

3. 两方现代教学思想

现代教学思想的本原是杜威提出的"思维教学论"。现代教学论又称为思维教学论，其主流思想方式着眼于学习方法的掌握与创新精神的发挥，其理论基础是主体教育论，属于以学为本的研究。

现代教学论是对赫尔巴特传统教学论的扬弃。现代教学理论在世界各地的传播与继续发展是沿着哲学和心理学这样两条主线来实现的：① 哲学取向教学理论的发展：其特征是关注教学的目的（伦理学）或内容（认识论）上的问题，并坚持哲学的思辨与理论化建设，如凯洛夫的教学理论；② 心理学取向教学理论的发展：其特征是关注教学的程序、方法与心理的问题，并坚持采用心理实验或实证的方法，如新行为主义心理学家斯金纳的程序教学理论、布鲁纳的结构主义教学论、罗杰斯的非指导性教学理论等。

（二）中国教学理论的发展

在中国教学论发展的早期，关于教学论研究的对象和任务是清楚的。比如，《学记》实际上给教学论规定了明确具体的研究对象和任务，它就是要"既知教之所由兴，又知教之所由废"，亦要探明教学成功和失败的因果联系，用今天的话来说就是探索教学规律。

着眼于教学论的研究对象和研究方法，我们可以将中国教学论的发展划分为古代、近代、现代教学论（教学思想）三个阶段。古代中国教学论主要指从春秋战国时期起《论语》和《学记》中的教学思想及其演进，近代中国教学论主要指从 20 世纪初到 1949 年中华人民共和国成立这段时期的教学思想，现代中国教学论主要指 1949 年中华人民共和国成立以后的教学思想。

1.《学记》中的教学思想及其演进

《学记》大约写于公元前的战国末年，是《礼记》一书 49 篇中的一篇，作者不详，郭沫若认为像是孟子的学生乐正克所作，它是中国教育史上最早也是最完善的极为重要的文献，值得认真研究。它对教育目的、教育原则、教学原则、教学方法、教师和学生、学校制度、学校管理等诸多方面作了系统论述，虽然时隔 2000 多年，但是对今天的教育仍富有现实意义。由于《学记》是中国儒家教学思想之集大成者，孔子是儒家教学思想的创始人，所以从孔子的教学思想谈起是必要的。

（1）孔子的教学思想要点：孔子的教学思想主要表现在如下几个方面：在教学目的上，主张"学而优则仕"；在教学内容上，主张学习六种教材（《诗》《书》《礼》《乐》《易》《春秋》）；在教学方法上，主张因材施教、启发诱导、学思结合、学行结合、温故知新等；在教师修养上，主张"学而不厌，诲人不倦"。

（2）《学记》中的教学思想：《学记》的教学思想主要包括如下几个方面内容：关于教学目的主张"化民成俗"；在教学关系上主张教学相长，并对教师和学生提出不同的责任和要求，为师要"既知教之所由兴，又知教之所由废"，作为学生首先要立志（"士先志"），然后要学会学习（"善学"）；在课内与课外的关系上提出了课内与课外相结合的道理（"藏息相辅"）；在教学方法上主张启发诱导、长善救失、豫时孙摩。《学记》既继承了孔子的教学思想，又有所发展。比如，在启发式教学方面，《论语》指出了启发的时机和目的，却没有指出启发的原则或把握启发诱导的尺度。对此，《学记》弥补了孔子启发式教学思想的不足，认为启发的原则是"道而弗牵，强而弗抑，开而弗达，道而弗牵则和，强而弗抑则易，开而弗达则思，和易以思，可谓善喻矣"。这里的"和"和"易"就是启发学生独立思考的前提条件。此外，《学记》还给出了启发的方法：善问、善答和善待问者。

（3）古代儒家教学思想的演进：古代儒家教学思想在孔子的教学思想与《学记》的基础上有哪些发展呢？现举例说明如下：汉代董仲舒提出了独尊儒术和教学优化的思想；唐代韩愈在《师说》中发展了《学记》中的教学相长思想，认为："师者，所以传道授业解惑也""弟子不必不如师，师不必贤于弟子，闻道有先后，术业有专攻"；宋代朱熹等首创了直观教学法、重视疑问并提出了较系统的读书法，进一步丰富了启发式教学思想，如北宋胡瑗已用实物和图形进行直观教学，朱熹对直观教法进行了论证，并继承了张载"学贵有疑"的思想而提出了从有疑到无疑的思想，他的学生还概括了老师的读书法，这些教学思想都继承和发展了孔子学思关系和《学记》"和易以思"的思想；明代王守仁提出"常存童子之心"的蒙养教育思想，继承和发展了《学记》中的循序渐进思想，总的来说，《学记》以后的教学思想，超过《学记》论述水平的确实不多。

2. 近代中国教学论特点

20世纪初，赫尔巴特学说传入我国，当时正值清末废科举、兴学校之际。由于采用班级授课制，对课堂教学的规范化要求非常迫切，一批力图从西方寻找真理、学习西方经验的有识之士"取法日本"。那时，日本的教育著作都在宣扬赫尔巴特学派的教育思想和教学方法，他们通过文章、书刊把赫尔巴特学派的理论介绍到中国。比如，1901年，我国最早的教育专业刊物《教育世界》在上海创刊，从中文转译介绍了教育家夸美纽斯、裴斯泰洛齐、第斯多惠、赫尔巴特等的教育思想，突出赫尔巴特的统觉、兴味、五段教学法（也叫启发法）等内容。1919年，五四运动输入了科学和民主的口号，卢梭的"适应自然"、福禄倍尔的"人的教育"的思潮得到了一定的传播；随着杜威来华讲学，杜威的教学理论开始传入中国，并对我国近代乃至现代教学理论的发展产生了巨大推动作用，概括地说，这一阶段的教学论思想具有如下一些共同特点：

（1）洋为中用：就近代教学论的思想来源来说，它的主要思想来源不是自己的历史传统范围内，而是西方教学论体系的直接影响，同时，也吸收我国古代和近代的教学经验，这是与古代儒家教学思想土生土长的特点明显的不同。事实上，如前文所述，近代西方教学论传入我国可分成两大阶段：1901—1919 年，中国学者要从日本引进赫尔巴特为代表的传统教育派教学论，或者说日本化了的教学论；1919 年到中华人民共和国成立以前，主要从美国直接引进以杜威为代表的进步教育派教学论及与之相联系的桑代克的学习律，我国学者接受这些理论并结合我国教学实际，编写教学论教材，开始建设教学论学科的独立体系。比如 1919 年以前，朱孔文教授编撰的《教授法通论》和蒋维乔编的《教授法讲义》都是受赫尔巴特教学思想的影响产生的，前者属于普通教授法，后者属于普通和分科教授法；1919 年以后，罗廷光编的《普通教学法》和俞子夷的《新小学教材和教学法》，都受到了杜威、桑代克、克伯屈、赫尔巴特和陶行知的影响，并以心理学为依据。

（2）反传统倾向：近代中国教学论具有反封建反传统教学观的进步倾向。例如，陶行知以开辟和创造的态度，反洋化教育、反传统教育，从"教授"写到"教学"，从"教学"写到"教学做合一"，创立了不断发展着的生活教育，到后期形成了较为完整的新民主主义教育理论，其中包含着创建中的教学论。

（3）从经验走向理论：近代中国教学论从原来偏于经验形态走向理论阐述与探讨。从此，中国学者开始自觉地建设教学论学科（教授法、教学法）的独立体系。这里仅以陶行知的"教学做合一"思想为例，"教学做合一"思想的主要观点是"教的法子根据学的法子，学的法子根据做的法子"，这一教学论思想体现了以下的进步思想：理论与实践的统一；因材施教，发展个性特长；师生合作，教学相长；真善美合一；知情意合一；教会学生学会学习与创造等。

（4）心理学化：把心理学知识引进教学论，并开始运用教学实验的方法研究教学问题，取代了述而不作，专引孔子言论和《学记》的情况。将心理学知识引进教学论教材，强调了教学方法要以教育心理学为依据，这突出表现在教材中反映统觉心理和学习律上，这一时期的教学理论主张教学方法应以学生的需要、兴趣为出发点，并考虑个性差异。教学方法所依据的教育理论是教育即生活和学生本位教育，这与古代教育思想缺乏理论依据是不同的。

3. 中国教学论学科建设与发展

教学论，作为研究和揭示教学活动本质规律及其应用的一门理论学科，教育科学体系中的一门基础学科。随着教育改革的深入开展，发生了深刻变革，面对新变革，不仅需要对过去专题性研究成果进行梳理、评述、反思和展望，还需要从研究主题和研究方向进行把握，以体现中国教学论学科发展的现代特征。

从研究方向上看，基于对教学论发展历程的反思，裴娣娜教授认为中国教学论从传统走向现代的研究方向的转换，具体体现在以下三个方面：一是理论基础由传统知识论向主体教育论转换；二是研究方向理论格局从对教学过程各种规定性内容的考察向教学论元理论、元方法层次转换；三是研究方法从机械唯物论向唯物辩证法转换，具体表现为教学论学科群的出现、众多学科的参与方法论的移植、通过对现代教学观念的思考把握教学论研究的主题、理论研究与实践研究相结合的研究方法。从研究主题上看，基于对现代教学理念的思考，裴娣娜教授认为当代教学论的研究主题是：以学生主体性发展作为教学的起点和依据，对原有传统教育中不合理的行为方式和思维方式进行变革，真正实现教育观念上的转变，实现人的发展的社会化与个性化的统一。这里，所谓教学观念的变革，实际上是教学理论的发展问题，而教学理论发展的基础和源泉主要在于教学实践的变革和发展。事实上，改革开放以来，我国广大教育工作者在教学实践中逐步形成了如下的现代教学观：系统整体的观点、发展的观点、结构的观点、主体性观点、活动与实践的观点、非理性因素问题等。

（三）对教学实践与理论发展机制的反思

经验的困惑与科学的抉择，是教学实践与理论发展的必然线索。

（1）教学与心理、教学论与心理学建立起联系是个内在机制问题。中国孔子比苏格拉底早一个世纪提出启发式教学主张的时候，已经不限于考虑为什么启发，而是考虑在什么样的心理激活程度情况下运用启发，他提出"不愤不启，不悱不发"的卓越的"启发式"判断抉择的观点，是有文字记载的最早的教学心理学命题，夸美纽斯、卢梭等人主张教学顺应学生自然天性，在他们那些现象生动的描述里，出现过许多学生展开心理与教学适应性的探索，只是更多些经验色彩，不能称为心理科学，裴斯泰洛齐则已经明确提出了"心理学"，赫尔巴特被许多欧美学者誉为第一个在心理学上剖析教学过程、构建教育学理论体系的教育家，他的思辨性极重的著作更像是心理哲学，所以有人称他是教育哲学家。

（2）经验的教学理论到科学体系的教学论，这是教学论自身建设问题，在没有雄辩的研究论证中国2000年前《学记》的体系是否称得上最早的教学论的前提下，我们只能从拉特克的语言和艺术的教学艺术说起，而后是夸美纽斯，赫尔巴特的《普通教育学纲要》其实是从自己的心理哲学、教育哲学观点出发建构起来的教育学体系，只是其中以教学论体系为支柱，或者说是作为教育学体系中的分支的教学论体系，并没有完全独立，又过了76年之后，德国的威尔曼才以《作为教养学的教学论》完成了教学论逐步科学化的第二步，教学论终于从教育学中独立出来成为可以与之相提并论的一门科学了。

（3）教学与社会进步、教学与文化适应这是教学科学抉择的外部机制问题。文艺复兴以后的人文教育，由夸美纽斯起步、卢梭发展、福禄贝尔等人继承的自然主义重视教育的内在因素和本能本性，赫尔巴特学派则倾向于重视外部因素或教养，双方论证持续到20世纪，但显然，第斯多惠的双向并重则把问题引向缓和。19世纪中期，达尔文的进化论和马克思主义基本理论问世，教学论开始走向真正科学化，因为这两个理论为教学论奠定了根本的思想基础和文化基础。

第三节　当代数学教学流派

教学理论的发展主要是沿着哲学和心理学两种取向来实现的。本节主要选取心理学取向的教学论流派来介绍，由于心理学取向的教学论流派非常多，这里仅从贴合数学教育特点的角度，选择布鲁纳、奥苏伯尔、布卢姆、加涅等的教学论思想进行介绍，按照这些流派教学论思想的背景、内容、实质和应用条件几个部分进行阐述，不只提供一些教学论知识，更为重要的是提供一种消化理解各种流派思想的思维方式。

一、布鲁纳的教学论思想

（一）背景

在"知识激增"的背景下，苏联卫星先于美国上天，引起美国朝野的震惊。追根溯源，最后将其原因归结为美国的基础教育落后于苏联，于是，在1960年，美国掀起了一场旨在培养精英的课程改革运动，相应地，代表性的教学论思想就是布鲁纳的结构主义教学论，这种理论集中反映在布鲁纳所著的《教育过程》一书中。

（二）内容

布鲁纳的教学论思想主要内容包括："我们将教些什么？什么时候教？怎样教法？"其中"教些什么"又是最主要的，所以布鲁纳的教学论思想主要在于课程论，他还依据这些思想提出了他的教学原则：

1. 学习学科的基本结构

布鲁纳说："不论我们选教什么学科，务必使学生理解学科的基本结构。"什么是结构？简单地说，就是事物之间的相互联系，什么是基本结构？就是更普遍的强有力的适用性结构。其具体表现，就是每门学科的基本概念、基本公式、基本原则、基本法则等，相对而言，非结构性的知识，就是单纯的事实、技巧，即时收效的课题。为什么要学习学科的基本结构？布鲁纳认为这是一个巧妙的"策略"。学习者无须与每一事物打交道，而且可以独立前进，其好处主要有：使学生容易理解，便于记忆，能更好地迁移，缩小高级知识和低级知识之间的间隙，对成绩差的学生更有利。布鲁纳关于学习学科结构的教学论思想，其哲学和心理学基础是"过程—结构"论和皮亚杰的"发生认识论"。人们先有一个图式，与外界接触时，把客观事物纳入主观图式，这叫同化；同化不了就调节原有图式，使之与外界取得平衡，这叫顺应；图式本身得到改造、丰富，形成一种新的图式，然后又去同化、顺应别的事物，这就是布鲁纳提出的重视学习学科结构，并认为它能帮助学习者更好地学习新知识的道理。布鲁纳因此发展了学习中的迁移理论。传统上讲的迁移，主要是技能的迁移，他则强调理论的迁移，布鲁纳的新意在于将原理和概念解释为结构，并把它作为教学过程的中心。

2. 早期教学

布鲁纳在主张学习学科结构的同时，提出了一个大胆的假设，即所谓"任何学科的基础都可以用某种形式教给任何年龄的任何人"，他想着重声明，学习科学可以提早，提倡早期教学，他论证了这种早学的必要性和可能性。关于必要性，他说：学习起来比较容易；对以后学习有好处；科学概念学习不能一次理解，需要反反复复回到原处。关于早学的可能性，他花了很大功夫，从他的过程—结构理论作了论证，如果用学生观察事物的方式（由"动作"向"意象"再向"符号"转化的螺旋上升方式）去表现那门学科的结构，那么上述假设就能成立和实现。比如，数学的一些概念和原理，在小学阶段以直观形式学习，在中学开始论证，到大学则用公理体系的形式学习。

3. 发现学习

布鲁纳对"怎样教法"的回答就是凭发现学习。什么是发现学习？他说并无高深莫测之意，"发现并不限于寻求人类尚未知晓的事物，确切地说，它包括用自己的头脑亲自获得事物的一切方式"。与这种方法相对照的就是"由教师先概括讲述后要学生通过证明来进行的'断言和证明法'"，也就是通常所说的传授和接受法，或讲解—演示法，发现法的具体做法，就是提出课题和提供一定的材料，引导学生自己分析、综合、抽象、概括，得出原理。它的特点是关心学习过程甚于关心学习结果，要求学生主动参与到知识形成的过程中去，学科结构是不能简单传授的，因为它不是一个静物，必须教学生去不断构造（即必须去发现）。这就是说，学科结构必须通过发现学习的方式才能学到，关于发现法的好处，布鲁纳提到四点：提高智慧力，使外来动机向内在动机转移，学会发现的试探法，有助于记忆，布鲁纳在提到原理迁移时，也把学习态度和方法列入其中。

4. 教学原则

布鲁纳根据他对教学过程的理解，提出四条教学原则：① 动机原则：学习与解决问题，取决于个人做出选择的探索活动，教学必须对学生的学习与解决问题起促进和调节作用。如何促进和调节呢？布鲁纳提出三个方面：活动的激发、活动的维持和活动的方向，关于激发，主要条件是使课题具有适度的不确定性；关于维持，主要条件是使取得的好处胜过招致的危险；关于方向，必须以某种近似的式样使人明了该项工作，并且提供一定的知识。② 结构原则：任何知识领域的结构都可以用三种方式表示其特点，每种方式又都影响着学习者对知识结构的掌握能力。这三种方式是：其一，知识结构的再现形式（动作、意向、符号）；其二，结构的经济原则，如按经济原则把知识做出摘要或列出一览表；其三，结构的有效力量，要使结构具有力量或有效力量莫过于对该知识领域有迫切需要。③ 程序原则：他提出，最理想的程序要与智力或认识发展顺序同一方向进行（从动作到意象到符号）。此外，程序必须经济和关注教学效果。④ 反馈原则：掌握时机最重要，在解决问题的过程中，矫正性信息要在学习者将其实验结果与他谋求获得的结果进行比较的时刻提出。矫正性信息的提出形式也要按照与学习者解决问题的再现表象形式（动作、意象、符号）属于同一种形式。此外，教师要采取使学习者最后能自行矫正机能接过去的那种模式。

以上就是布鲁纳教学论思想的主要内容，概括地说就是：学习学科基本原理；从小学开始，螺旋上升；凭发现学习；遵循动机、结构、程序、反馈几项原则。

（三）实质

布鲁纳教学论思想的主要观点是以螺旋上升的方式，通过发现法学习学科的基本结构，其实质是把学生学会学习作为教育的目标，把教学看作一个归纳的过程。其积极意义主要有：适应了教育现代化的要求（精选教材、发展智力、提高效率）；把结构引进教学论，改造了传统的迁移说；理论含有较多的辩证因素。

（四）应用条件

美国 1960 年的课程改革运动失败了，原因很复杂：一方面，暴露了其指导理论脱离实际的缺陷；另一方面，缺乏对理论应用条件的研究，脱离实际主要是指脱离社会实践，脱离学生生活经验、知识基础和教师水平以及教育基础和教育传统，缺乏对应用条件的研究，主要是指缺乏对学生的条件和对课题难度的研究，也就是奥苏伯尔指出的有意义学习的两个先决条件：学生必须具备有意义学习的心向；学习的新知识对学习者必须具有潜在意义。即新知识在学习者的认知结构中有适当的知识可与之建立非人为和实质性的联系，否则，发现学习就是机械的发现学习，而不是有意义的发现学习。布鲁纳的发现法适合教学基础概念的原理和问题解决，有助于远迁移能力的培养，但其缺点是太费时，课堂难以掌握。

二、奥苏伯尔的教学论思想

（一）背景

在当代，教育理论家点名批判的教学形式中，首当其冲的是言语讲授教学法。他们声称这样的教学只是教师惯于填鸭式灌输，使学生流于鹦鹉式学习，机械而被动；斥之为一种丧失了信誉无须多事考虑的旧教育的传统残余。而近几十年来的许多改革，特别是布鲁纳倡导发现学习以来，人们对这种言语讲授教学法更是表现出强烈的不满，可是，学校教学实践又表明，教师用言语讲解、学生以接受方式学习的这种教学形式，仍为传授科学文化知识的一个主要手段，这就向人们提出了值得深思的问题：言语讲授教学法和接受式学习方式有没有合理的内核？依据何在？如何正确评定这一教学形式的作用？正是在这种背景下，奥苏伯尔以一个教育家的深远卓识，着眼于对学习类型的不同分类准则，创造性地解决了这一难题。

（二）内容

在大多数学术性学科中，学生主要是通过对呈现的概念、原理及事实信息的意义接受学习来获得教材知识。

1.意义接受学习

根据学习的材料与学生认知结构的关系，学习可以分为有意义学习和机械学习；根据学生学习的方式，学习可以分为接受学习与发现学习，无论是接受学习还是发现学习都可能是有意义学习，也都可能是机械学习。奥苏伯尔支持有意义的发现学习，抨击机械的接受学习，指出了机械的发现学习的弊端，推出了有意义接受的学习模式。

2.教学原则与策略

根据意义接受学习理论，奥苏伯尔提出在教学中应遵循逐渐分化原则和整合协调原则。前者是指学生首先应该学习最一般的、包摄性最广的观念，然后根据具体细节对它们逐渐加以分化。后者是指如何对学生认知结构中现有要素重新加以组合，其主要表现在上位学习和并列学习中，其实质也是认知结构的分化形式，当教材内容无法按纵向序列的形式而只得用横向序列的形式组织教材时，整合协调的原则也是适用的。如何贯彻这两条原则，奥苏伯尔提出先行组织者策略，先行组织者是促进学习和防止干扰的最有效的策略，组织者就是指与新学内容相关的和包摄性较广的、最清晰和最稳定的引导性材料，由于这些组织者通常是在呈现教学内容之前介绍的，目的在于用它们来帮助确立意义学习的心向，又被称为先行组织者，采用先行组织者策略旨在操纵学生的认知结构变量，以便为学生即将学习的更分化、更详细、更具体的材料提供固着点。此外，组织者的另一功能是在学习者能够成功地学习手头的任务之前，在他已知的知识与需要去了解的知识之间架设一座桥梁，能觉察到它们之间的联系。

3. 成就动机理论

奥苏伯尔认为影响课堂学生学习的因素，除了认知因素外，还有情感因素和社会因素。他对赫尔驱力还原和斯金纳的反馈动机效应持否定态度，主要关注的是成就动机，即学生试图取得好成绩的倾向，与众不同的是，在奥苏伯尔看来，成就动机主要由认知内驱力、自我提高的内驱力和附属的内驱力三方面的驱力构成。认知内驱力就是指学生渴望认知、理解和掌握知识以及陈述和解决问题的倾向，简言之，即一种求知的需要，这是意义学习中最重要的一种动机；自我提高的内驱力反映一个人要求凭自己的才能和成就获得相应社会地位的愿望，学生的自我提高既指向获得眼前的学业成绩和名次，也指向未来的学术生涯或职业生涯；附属的内驱力是指学生为得到家长和教师的赞扬而学习的需要，随着学生年龄的增长，这种动机的重要性日趋降低。第一个内驱力是内部动机，后面两个内驱力都是外部动机。可见，学生的认知学习是受内部和外部动机影响的，而动机本身既受认知学习结果的影响，又受身心发展和社会诸多因素的影响。教师的艺术，在于如何认识、控制、调节这些因素，使学生始终充满学习的动机。

（三）实质

奥苏伯尔教学论思想的主要观点是运用先行组织者策略，通过有意义的接受学习方式讲解言语知识，其实质是应根据学生已有知识状况进行教学。

（四）应用条件

奥苏伯尔的有意义接受学习与讲解式教学法适合于陈述性知识的学习与教

学，其好处是省时、有助于近迁移，但在远迁移能力的培养方面不及发现教学法。所以，一般的看法是课堂教学应以奥苏伯尔所提供的讲解式教学法为主，以布鲁纳倡导的发现法为辅。

运用接受学习应注意的问题：倡导有意义的接受学习要把握好两个标准——考查学生能否将学到的知识运用和具体化，同时又能否将学到的知识进行归类和系统化；补充必要的一般概念；教师要为学生的学习做好各种必要的准备。

三、布卢姆的教学论思想

（一）背景

1957年苏联第一颗人造卫星上天，美国掀起课程改革运动，强调英才教育，针对以上现象，布卢姆提出了自己的教育观，他认为，问题不再是发现极少数能够成功的学生，基本的问题是要确定，怎样使年龄组的绝大部分人能够有效地学习被认为是他们在一个复杂社会里为自己的发展必须具备的那些技能和教材。他认为，学校学习应为学生终身学习确保一个可持续发展的基础，学校要给90%以上的学生提供成功的、令人满意的学习经验，提高学生的远迁移能力，他指出，用成绩的正态分布来制定评分政策是教育的失败。

掌握学习的策略起源于卡罗尔1963年提出的模式：如果学生对一些学科的能力倾向是正态分布的话，那么只要给所有这些学生完全同样的教学，并且在适当的成绩测量上，最终结果将是正态分布的，而且能力倾向与成绩之间的相关性极高。反之，如果学生的能力倾向是正态分布的话，而教学的种类和质量、用于学习的时间量是适合于每一个学生的特征和需要的话，那么可以预料大多数学生都能达到掌握这门学科，其中，花在学习上的时间是掌握的关键，关于花在学习上的时间受到如下三个因素制约，允许学习的时间，学习者愿意花在学习上的时间量，学习者在理想条件下达到掌握学习任务所需要的时间量。

（二）内容

布卢姆建立的理论业绩，在以下四个领域中尤为突出：成为布卢姆研究的基础理论的教育目标分类学；为使所有学生都能达到教育目标的掌握学习理论；确定是否达到教育目标的教育评价理论；建立新的课程体系的课程开发论。

1. 目标分类

布卢姆的教育目标分类学具有两个主要特征：一是用学生外显的行为来陈述目标，他认为，制定目标是为了便于客观地评价，而不是表述理想的愿望。事实上，只有具体的、外显的行为目标，才是可以测量的。比如，"培养学生的能力"就是一个太一般化的目标，不便于测量，如果改为"培养学生领会公式中各个量之间的联系的能力"这类目标才是可测量的。二是目标分类，并且要使分类具有系统性和层次性，从系统性的角度看，教育目标分类主要涉及认知、情感和动作技能这三个领域，从层次性角度看，目标又可以细分如下：认知领域的目标可以细分为知识、领会、运用、分析、综合、评价六个层次，这是教育目标中占最大比例的目标领域，情感领域目标可以细分为接受或注意、反应、价值评估、组织、性格化或价值的复合五个层次。动作技能领域，这是后来学者完成的工作，以上三个领域的 0 标是互有联系的，尤其是认知领域和情感领域是紧密交织在一起的。当然，每一层次 0 标还可以进一步分化，如认知领域的分析又可分化为要素分析、关系分析和组织原理分析。此外，目标分类也是为评价掌握学习的掌握程度服务的，是超越学科界限的一种目标分类法。

2. 掌握学习

布卢姆探究的掌握学习，是反映他基本教育观的重要教学理论，也是他对教学理论的一个重大贡献，掌握学习理论以"人人都能学习"这一观点为基础，着眼于现实，以现有条件来改变现状，即以存在着个别差异的学生组成的班级为前提，以传统的班级教学方式来实施，使绝大多数（90% 以上）学生都能掌握教师教给他们的东西，教学的任务就是要找到能使学生掌握该学科的手段。

3. 教学评价

关于教学评价，布卢姆借用了斯克里文 1967 年提出的形成性评价和终结性评价的概念，他侧重学习过程的评价，并把评价作为学习过程的一部分。终结性评价的结果主要被用来对学生分类，很少给学生纠正错误或重新测验的机会，在布卢姆看来，评价或测验的目的，在于如何处理所测到的学生水平和教学效用的证据。因此，测验不仅仅是要了解学生掌握了多少学习内容，而是作为一种矫正性反馈系统，及时了解教学过程中的每一阶段是否有效并采取相应措施，他据此主张在教学中应更多地使用另一种评价方法——形成性评价或形成性测验，形成性评价的基本操作是把一门课程或学科分成较小的单元，每个单元倾向于包括一两周学习活动，每当适当的学习单元学完时，都要安排一次形成性测验。对于已经掌握单元的学生来说，形成性测验具有强化学习的作用，使学生确信目前的学习方式和钻研方法是适宜的；对于还没有掌握单元的学生，形成性测验能揭示出具体难点，使学生明确需要进一步学习的观念等；对于教师的教学来说，形成性测验为教师提供教学反馈，使教师能识别出教学中需要改进的地方。

4. 课程开发

布卢姆的教育目标分类学、掌握学习理论、教育评价理论为课程改革提供了一种基本结构，基于这种结构，他又提出了一些课程改革建议、观点和做法，这就是布卢姆的课程开发论，关于谁来开发、开发什么、如何开发等问题，他认为，应建立课程中心来进行课程开发，转变过去的课程观，将过去认为课程只有少数人能学好的观点转变为几乎所有的学生都有可能学好的观点，将最值得学生学习的东西开发出来编入课程；在课程开发中，强调发展学生的高级心理过程，培养学生对人文主义艺术的浓厚兴趣，注重社会相互作用这类隐性课程的作用，还应培养学生学会学习的基本技能，让大多数学生都能体验到令人激动的高峰学习经验。

（三）实质

课堂教学主要通过形成性评价促进绝大多数学生都能掌握所教内容的教学，为学生终身学习做好准备。

（四）应用条件

以存在着个别差异的学生组成的班级为前提，以传统的班级教学方式来实施，消除学生的差异；以教师为主导，发挥学生的主动性；以掌握学习为基础，发展学生能力，根据布卢姆对1—8年级实施掌握学习教学效果的比较研究，发现这种教学对高年级的学生作用大，而在小学低年级中应用和实施的意义不大，在学科适用范围上，布卢姆认为并非所有的学校科目都需要达到掌握学习。此外，掌握学习对班级人数、教学条件，特别是教师素质有较高要求，应该从实际出发，努力创造条件，在推广时不能机械照搬、搞模式化。在实施目标教学的过程中要走出如下四个误区：目标标签化、目标随意化、目标考试化、目标机械化。

第四节 数学教学的基本模式

一、教学模式概述

（一）教学模式的含义

美国哥伦比亚大学的乔伊斯和威尔在 1972 年出版的《教学模式论》一书，被认为是教学模式理论研究的开始。在我国，20 世纪 80 年代以后才有人着手这方面的介绍和研究。

"模式"一词在现代社会中运用较为普遍，汉语中，模式指"标准的形式或样式"，西方学术界通常把模式理解为经验与理论之间的一种知识系统，"教学模式"的定义各种各样。乔伊斯和威尔认为，教学是创造由教育内容、教学方法、教学作用、社会关系、活动类型、设施组成的环境，所谓教学模式就是创造这种环境的方法。教学模式是构成课程和课业，选择教材，提示教师活动的一种程序或计划。在国内，主要有以下几种观点：结构说，教学模式是在一定教学思想或理论指导下建立起来的各种类型教学活动的基本结构或框架；程序说，教学模式是在一定教学思想指导下建立起来的完成所提出教学任务的、比较稳固的教学程序及其实施方法策略体系；方法说，常规的教学方法俗称小方法，教学模式称大方法，教学模式不仅是一种教学手段，而且是从教学原理、教学内容、教学目标和任务、教学过程直至组织形式的整体、系统的操作样式，这种样式是加以理论化的方法说的，另一种观点认为，教学模式属于教学方法范畴，它是教学方法或是多种教学方法的综合；过程说，教学过程的模式，简称教学模式，它是作为教学理论的一个特定的科学概念，指的是根据客观的教学规律和一定的教学指导思想而形成的、师生在教学过程中必须遵循的比较稳定的教学程序及其实施方法的策略体系；样式说，教学模式是指具有独特风格的教学样式，是就教学过程的结构、阶段、程序而言，长期的、多样化的教学实践，形成了相对稳定的、固定的教学模式。

综合上述观点，教学模式是指在一定的教学思想、教学理论、学习理论指导下，在大量的教学实验的基础上，为完成特定教学目标和内容而围绕某个主题形成的稳定、简明的教学结构理论框架及其具体可操作的实践活动方式，它是教学思想、教学理论、学习理论的集中体现。

（二）教学模式的结构

教学模式的结构是指发生在教学过程中构成教学的诸要素以及相互关系，这些要素在构成教学模式中具有不可或缺、不可替代性。一个教学模式应包括教学思想或教学理论、教学目标、教学的操作程序、教学的条件和教学评价等几个方面：

1. 教学思想或教学理论

正如乔伊斯和威尔指出："每一个教学模式都有一个内在的理论基础，也就是说，它们的创造者向我们提供了一个说明我们为什么期望它们实现预期目标的原则"，任何教学模式都有一定的教学理论或教学思想依据，它决定着教学模式的方向和独特性，并渗透在教学模式中的其他因素中，制约着它们之间的关系，是其他诸因素赖以建立的依据和基础。

（1）认识论：不同的教学模式基于不同的哲学认识论基础。赫尔巴特四阶段教学模式基本上是他的认识的反映，杜威教学模式基本上是他的经验主义认识论的反映，皮亚杰的发生认识论、西方分析哲学、存在主义哲学都因此而派生出不同的教学模式。

（2）教育心理理论：现代教育心理学的最新成果推动了教学理论的发展，并指导教学改革实践。因此，每一种教学模式都有相应的教育心理理论作为其基础，比如，程序教学模式的理论基础是行为主义心理学，目标导控教学模式的理论基础是布鲁纳的掌握学习理论，非指导性教学模式的理论依据是人本主义教育心理学，信息加工教学模式的理论依据是信息加工理论，布卢姆的概念获得教学模式、加涅的累计性教学模式、奥苏伯尔的先行组织者教学模式，其理论基础都是现代认知心理学理论。

教学思想成为贯穿于整个教学模式的一条主线，体现于教学模式的每个过程以及各个方面，一种教学模式是否成熟，可以从其理论基础中窥见一斑。

2. 教学目标

课堂教学目标是对课堂教学学生所发生变化的一种预设，是完成课堂教学任务的指南，是构成教学模式的核心要素，是进行课堂教学系统设计的一个重要组成部分。每一种教学模式都是为了完成特定教学任务而设计、创立的，教学目标是教师对教学活动在学生身上所能产生效果的一种预期估计，是进行课堂教学设计、进行课堂教学活动的出发点和归宿。教学目标的确立在于能使活动具有明确的方向，克服教学活动中的盲目性和随意性，它制约了教学程序、实施条件等因素的作用，也是教学评价的尺度和标准。

一种先进的教学模式，其目标的制定应是科学合理的、具体的、可测量的，便于操作的，而不是笼统的、抽象的。教学目标应包括基础知识与基本技能、过程与方法、能力与情感发展等方面。教学目标应具有层次性和渐进性，具有从识记、理解、应用到综合，从低级水平到高级水平的渐进过程，反映由知识、技能转化为能力，并内化为素质的要求及过程。教学目标的确立与实施不能从"应试"的目的出发，只顾解题技巧以及知识点的"熟练"掌握，而忽视"长远"目标：学生的数学观念、数学思想、数学意识、数学能力等素质的培养。教学目标既要考虑智力因素的培养，又要兼顾学生非智力因素的培养，为形成良好的思维品质和个性品质打下坚实的基础。

3. 教学的操作程序

教学的操作程序是教学活动展开的时间序列或逻辑步骤。不论哪种教学模式都有一套独特的操作程序，它是教学模式得以存在的必要条件，成熟的教学模式都有一套相对稳定的操作程序，这是形成教学模式的本质特征之一，操作程序详细说明了教学活动的每一个步骤以及完成该步骤所要完成的任务。一般情况下，教学模式明确指出教师应先做什么，后做什么，学生分别干什么，由于教学过程中教学内容的展开顺序，既要考虑到知识体系的完整性，又要兼顾到学生的年龄特征，还有基本教学方法交替运用顺序，因此，操作程序虽然基本上是相对稳定的，但也不是一成不变的。

操作程序的设置应遵循学生的认知规律和学生的认知基础。首先要遵循从具体到抽象、从感性到理性的认知规律，教学设计中必须为学生提供丰富的感性材料，利用鲜明生动的事例、图片、图形，有条件的可以借助于多媒体进行辅助教学，在感性材料的基础上引导学生进行比较、分析、综合、归纳、演绎、抽象、概括，其次，要遵循从理解到运用的认知规律，将有序的训练引入课堂教学，设计由易到难、由简到繁、由基础到综合的训练程序，既可以适合不同水平的学生，又能激发学生的思维，发展学生的思维能力。

4.教学的条件

教学的条件是指完成一定教学目标使教学模式发挥效用的各种条件。任何一种教学模式都不是万能的，有的只能适合某一课的类型，有的适用于几种不同的课型，概念课、命题的教学、习题课、复习等不同的课型所选用的教学模式不尽相同，还有适用于某一年龄阶段的学生，小学低年级与高年级、初中、高中所选用的教学模式也有所不同，即使是同一种教学模式在具体实施过程中，在教学策略上也必然存在较大差异，任何教学模式都有局限条件，只有在有限的条件下才能有效。

5.教学评价

评价是教学模式的一个重要因素，它包括评价的方法和标准，教学模式的目标、程序和条件不同，评价的方法和标准也就不同，一个教学模式一般都有自己的评价方法和标准。比如，罗杰斯的非指导性教学模式主要实行学生的自我评价；布卢姆的掌握教学模式采用诊断性测验、形成性测验、终结性测验和实验考评，并规定期末考试占总成绩的25%，单元测验成绩和实验成绩占总成绩的75%。

综上所述，教学思想或教学理论是教学模式得以建立的基础和依据，它对其他要素起着导向作用；教学目标是教学模式的核心，它制约着操作程序、师生组合、教学条件，也是教学评价的标准和尺度；操作程序是教学模式实施的环节和步骤；师生组合是教学模式对教师和学生在教学活动中的安排方式；教学条件保证着教学模式功能的有效发挥；评价能使人们了解教学目标的达成度，从而调整或重组操作程序、师生活动方式等，以便使教学模式进一步得以改造和完善。一般地说，任何一个教学模式都包含这些要素，至于各要素的具体内容，则因教学模式的不同而存在差异。

（三）教学模式的分类

教学模式的分类是将众多的教学模式按照某些共同特点把它们归属到一起，或者按照某些不同特点，把它们区别开来，便于更好地分析、掌握和运用。通过对分类的学习，可以剖析教学模式的特点，更好地将它运用于教学实践。在教学模式的形成和发展过程中，由于依据的教学思想或教学理论不同，从而在教学实践中形成了各种不同的形式，构建起不同的教学模式。

二、数学教学模式简介

数学教学模式作为教学模式在学科教学中的具体存在形式，是在一定的数学观、数学教育思想指导下，以实践为基础形成的。数学教学模式揭示了教学结构与教学过程中各阶段、环节、步骤之间的纵向关系以及构成现实数学教学内容、教学目标、教学手段、教学方法等因素之间的横向关系，表现为影响教学目标达成的诸要素在一定时空结构内某一环节中的组合方式。

（一）数学教学模式概述

现代数学教学理论研究在多层次、多方位取得了重大进展，数学教学理论有宏观的理论建构和微观的实践总结，还有中层的教学理论。数学课堂教学模式理论是教学理论与实践的中介，是教育理论工作者与实践工作者共同协作，通过长期教学实践不断地总结、改良教学而逐步形成的一种中层理论。它源于数学教学实践，又反过来指导教学实践，对于每个数学教师来说，其教学活动都是自觉或不自觉地在某种理论或经验的教学模式框架内展开教学活动的。

数学课堂教学模式是从大量实验基础上总结出来的结构相对稳定的理论框架，从动态和静态两个方面揭示了教学模式的中介性。从静态看，教学模式是教学结构稳定而简明的理论框架，是立体网络的、多侧面分层次的，直观地向人们显示了教学诸因素的组合状态；从动态来看，教学模式不同于一般的教学理论，具有明确的可操作性，它设计了序列运行的"轨迹"和因果关联的教学程序，为教师在具体课堂教学中运用操作教学模式提供指导。

教学模式的构建是指明确了教学目标以后，在可能的情况下，通过简明扼要的解释或象征性的符号反映教学理论（教学思想）的基本特征，在人们头脑中形成一些较为具体的框架，同时，为某种教学理论适用于教学实践提供较为完备的可操作的实施程序，便于外化为现实。数学教学模式的构建是在基本数学教学模式的基础上，结合数学教学内容和学生的特点，在实践的基础上对基本数学教学模式进行组合后逐步形成起来的，因此，学习数学教学模式首先应当学习基本的数学教学模式，在掌握基本数学教学模式的条件下，学习我国数学教育研究工作者在数学教学改革实践中是如何探索总结出具有我国特色的数学教学模式的，下面介绍一些基本的数学教学模式。

（二）讲授教学模式

在我国大学数学课堂教学中，讲授教学模式一直占主要位置，这种模式也被称为"讲解—接受"模式。讲授模式是通过教师讲解，向学生传授知识，培养其能力，学生则通过听讲理解新知识，发展自己的能力的一种教学模式，尽管这一模式以教师讲解为主，但并不排斥教师向学生提出或进行课堂练习，也不排斥借助多媒体等的演示，只是这些活动是为教师的讲授服务，没有改变讲授的基本形式。讲授模式的基本操作过程有五个环节：组织教学—引入新课—讲授新课—巩固练习—小结、布置作业。

这种教学模式的特点是，教师在教学过程中占据主导地位，控制着教学的进程，只要教师精心备课，将教学内容划分为由浅入深、由具体到抽象，逐步展开有层次的教学，估计学生可能产生哪些疑惑，设计相应的释疑方法，上课时能引导好学生，并把备课的内容用准确语言生动地表达出来，就能达到较好的教学效果。

讲授模式适用概念性强、综合性强，或者比较陌生的课题，能在较短的时间内讲解较多的知识，这种模式也适用于某些科目或某些章的第一节课，便于学生整体把握即将学习的内容。常有人认为教师讲授是一种机械学习，而不是有意义学习，这样来看待讲授模式是片面的。无论是接受学习还是发现学习都可能是机械的，也可能是有意义的，这取决于学习发生的条件，奥苏伯尔认为，有意义学习的发生有两个前提条件：其一，学习者表现出一种愿意学习的心向，即愿意把新知识与他（她）已了解的知识建立非人为的、实质性联系；其二，学习任务对学习者具有潜在意义，即学习任务能够在非任意的和非逐字逐句的基础上同学习者知识结构建立联系。因此，教师在使用教授模式时，若能将潜在意义的学习材料同学生已有的认知结构联系起来，而学生也已具备有意义的学习心向，此种情况下的讲授就是有意义的讲授，学生的学习也是有意义的学习。

（三）启发讨论教学模式

启发讨论模式自古就有，中国古代大教育家孔子与学生之间的讨论，古希腊苏格拉底与学生的对话，都是讨论，但他们的讨论方式是不同的，讨论的主线虽然都是围绕"问题"进行，有的问题却是老师给出的，有的是学生提出的，有的是在讨论中生成的。

《论语》是孔子教学的实录，其中记载了孔子关于启发教学的至理名言："不愤不启，不悱不发。举一隅不以三隅反，则不复也。"宋代名儒朱熹注曰："愤者，心求通而未得之意，悱者，口欲言而未能之貌启，谓开其意发，谓达其辞。"其意思是，当学生对某个问题正在进行积极的思考一时还找不到解决方法的时候予以启发；当学生对某个问题已经思有所得但还不十分明确且表达不出的时候给予开导。从《论语》中我们可以发现，孔子在实际教学中很善于运用问答法，以启发和促进学生的独立思考。有时学生问一个问题，孔子只简单回答，以引起学生的追问和思考，学生一步步追问，孔子的回答一次比一次深刻，这种问答方式，既有针对性，又有启发性，也反映了孔子的"善待问"，有时孔子对学生的提问不是直接回答，而是从学生的问题中提出问题，或反问一句，让学生思考表述自己的意见，最后孔子才对学生的意见加以肯定或否定。

苏格拉底认为，哲学家和教师的任务不在于从外部向人们灌输真理，而在于引导、启发人们表达自己已有的知识及对新知识的理解，他在教学中往往是从日常所见的简单事物或浅显的道理开始，向学生提出问题，并佯装自己一无所知，让学生充分发表意见，然后用反诘的方式，使学生陷入自我矛盾的窘境，从而促进其积极思索，然后再辅之以各种有关事例进行启发诱导，使学生一步步接近正确的结论。苏格拉底比喻说这就好比助产婆把胎儿从母亲的肚子里催生出来一样，所以他把这种方法命名为"产婆术"。

在数学教学中,后发讨论模式适用于教师引导全班学生发现预定目标的情形，比如，给概念下一个定义、归纳出一个结论、解决一个实际问题等。在这个模式中，教师不再是提供知识和正确答案的唯一来源，而是围绕某一主题进行启发学生思维促进学生讨论的组织者，学生不再是教师讲什么记什么，而是在平等的讨论中主动建构对意义的理解，启发讨论模式对养成学生思考的习惯、了解科学发现的思维过程以及感受发现带来的乐趣是很有益的。

第五节　数学课程的概述

数学课程的设置关系到数学教学目标、教学内容、教学方式与教学评价等要素，因此，数学课程是数学教育领域内的核心内容之一。本节主要介绍数学课程的含义与类型、影响数学课程发展的因素、数学课程的现代发展以及数学课程体系编排等有关内容。

一、数学课程的含义与类型

（一）数学课程的含义

数学课程的含义，基于对"课程"含义的理解，在教育领域内的诸多专业概念之中，课程是含义最复杂、歧义最多的概念之一。迄今为止，学者们所下的定义繁杂不一，据统计，西方有关课程概念的定义甚至多达 100 多种，真可谓众说纷纭。仔细梳理这些定义，可以归结为以下几种看法：

1. 课程作为学科

这种定义将课程看作所传授的学科，着重考虑课程教学内容的组织和知识的积累。比如，美国著名的教育哲学家、课程论专家费尼克斯认为："一切的课程内容应当从学术（学问）中引申出来，或者换言之，唯有学术（学问）中所包含的知识才是课程的适当内容。"根据这种观点，大学数学课程就是按照一定社会要求、教学目的和培养目标，根据大学生身心发展规律，从前人已经获得的数学知识中间，有选择地组织起来的、适合社会需要的、适合教师教学的、经过教学法加工的数学学科体系，课程即学科是使用最为普遍的一种课程定义。

2. 课程作为目标或计划

这种定义将课程看作教学过程要达到的目标、教学的预设计划或预期结果，换言之，课程是学校为了达到教育目标而对学生所有活动的计划和安排。这种定义突出强调教学的计划和控制，强调教育目标序列化、具体化的技术性处理，按照这种观点，大学数学课程就是按照数学教学目标而制订的数学教学计划与方案。

3. 课程作为学生的经验或体验

这种定义把课程界定为学生在学校学习过程中所获得的经验或体验以及学生自发获得的经验或体验，它把受教育者在学校范围内知识与技能的获得、能力的发展、思想素质的提高等都包括在课程概念之中，这种定义的特点是把学生的直接经验置于课程的中心位置，从课程的学科、目标、计划层面转移到学习者的经验或体验层面上来，按照这种观点，大学数学课程就是学生在老师的帮助下主动建构数学经验与体验的过程。

上述三种看法从不同的角度诠释了课程的含义：对大学教师而言，所接触到的课程有三种呈现形式，即计划的课程、实施的课程与学会的课程。

（1）计划的课程：由教育行政部门组织课程专家们制订的课程计划、教学大纲或课程标准、编制的教材以及相关文件。

（2）实施的课程：教师在课堂上实际所传授的课程，这样的课程受到计划课程、教师个人所拥有的知识、经验以及教学技能的影响与制约。

（3）学会的课程即学生通过学习实际获得的课程：学会的课程受到计划的课程、实施的课程以及学生自身的知识经验、认知水平与兴趣志向水平的影响与制约。

上述对一般课程含义的讨论，可以帮助我们深刻而全面地把握与理解数学课程的含义。

（二）数学课程的类型

课程的价值在于促使学生的发展，不同的课程对于学生的发展具有不同的价值与功能，按照不同的标准可以将数学课程分为以下几对范畴：

1. 学科课程与经验课程

按照课程的内容不同可分为学科课程与经验课程。所谓学科课程是以知识为基础，按照一定的价值标准，从不同的知识领域中选择一定的内容，再根据知识的逻辑体系，将所选出的知识组织为学科。比如，学校里的语文学科、数学学科、英语学科等，学科课程的价值在于传承人类文明，使学生掌握、传递、发展千百年来人类积累起来的文化知识遗产。学科课程的设置有助于学习者获得系统的文化知识，但由于学科课程主要是以知识的逻辑体系为核心组织起来的，因此，容易忽视学生的需要、经验和生活。

经验课程亦称活动课程、生活课程。经验课程旨在培养具有丰富个性的学生，它是从学生的兴趣和需要出发，以大学生的主体性活动的经验为中心组织的课程，由于大学生总是生活在特定的社会和文化之中，所以，为了提升大学生的经验与价值，经验课程把大学生感兴趣的当代社会生活问题以及学科知识转化为大学生经验作为课程的内容，经验课程的价值在于使学生获得关于现实世界的直接经验和真切体验。但是，在教学实践中，要能够真正体现经验课程的价值是有一定困难的，首先，经验课程容易导致忽略系统学科知识的学习；其次，经验课程容易导致活动主义，忽略学生的思维能力与其他能力的发展；再次，经验课程的组织要求老师具有相当高的教育艺术，经验课程与学科课程的基点不同，两者分别反映了人的直接经验与间接经验、个体知识与学科知识、心理经验与逻辑经验。但经验课程与学科课程两者又具有内在的统一性：经验课程并不排斥学科知识，所反对的是学科知识脱离大学生的心理经验的现象，从而阻碍大学生的发展；学科课程也不排斥大学生的心理经验，所反对的是盲目沉醉于大学生的活动与心理经验。

2.传授性课程与研究性课程

按照课程实施的方式，可分为传授性课程与研究性课程。传授性课程是以老师讲授为主的课程，使学生在教师的指导下获得规范的发展是传授性课程的主导价值，学生通过传授性课程的学习掌握学科知识，包括概念、原理、方法，并进行实践活动，形成相应的技能技巧。研究性课程是为"研究性学习方式"的充分展开而提供的相对独立的、有计划的学习机会，即在课程计划内规定一定的课时数，从而有利于学生从事"在教师指导下，从学习生活与社会生活中选择与确定研究专题，主动地获取知识、应用知识、解决问题"的学习活动。我们今天倡导的研究性课程不仅是转变学习方式的平台，而且是通过转变学习方式以促进每一个学生的独立发展，以培养具有健全个性的学生为目标，研究问题来自学生自身生活与社会生活，而不把学科知识强化为学习核心内容。正因为如此，研究性课程洋溢着浓郁的人文精神，体现着鲜明的时代特色。

作为传授性课程价值的互补，研究性课程的价值在于使学生能够通过自主研究和发现获得自由的发展，具体表现为：产生学习兴趣、丰富学习研究体验、形成合作与共享的个性品质，建立合理的知识结构，养成尊重事实的科学态度。

3. 显性课程与隐性课程

按照课程的预期性，可分为显性课程与隐性课程。显性课程是学校中有计划、有组织地实施的正式课程（或称为官方课程），能对学生产生预期的影响，隐性课程是学生在学习环境（物质环境、社会环境、文化体系）中所学习到的非预期的或非计划性的知识、价值观念、规范和态度。这当然是非官方的、非正式的，具有某种潜在性，隐性课程具有下列特性：其一，其影响具有普遍性，隐性课程的影响可以说是无处不在，只要存在教育，就必然存在其影响。比如，在数学学习过程中，学生产生的对数学的认识、对数学学习的喜好程度等。其二，其影响具有持久性，许多隐性课程都是通过心理的无意识层面对人产生影响，比如，对数学学习的情感态度、数学的作用的认识等，都是潜移默化的。这些影响一旦形成，便会持久地影响人的心理与行为。其三，其影响可能是积极的，也可能是消极的。显性课程的价值在于对学生的发展产生直接的影响，而隐性课程的价值在于对学生的发展产生潜移默化的影响，但两者也是有联系的。一方面显性课程的学习总是伴随着隐性课程，而它的实施具有非预期性，因此必然存在非计划性、非预期性的教育影响；另一方面，隐性课程也在不断转化为显性课程。

4. 国家课程、地方课程、校本课程

根据课程的开发与管理，可分为国家课程、地方课程与校本课程。国家课程是根据所有公民基本素质发展的一般要求设计的，它反映国家教育的基本标准，体现了国家对各个地方的大学数学教育的共同要求，所有学校都应认真贯彻实施国家课程，以保证国家教育目标的实现，国家课程的价值在于通过课程体现国家的教育意志，它对教育方针的落实、培养目标的实现起到决定性的作用。地方课

程是各省、市教育主管部门以国家课程为基准，在一定的教育思想与课程观念的指导下，根据地方经济特点与文化发展等实际情况而设计的课程，它是不同地方对国家课程的补充，反映了地方经济发展对学生素质发展的基本要求，其价值在于通过课程满足地方社会发展的现实需要。校本课程是以学校为基地开发的课程。各个学校可以在实施国家课程、地方课程的基础上，根据学校的社会环境、文化环境、学生优势与需要确定必修课程的实际课程目标，确定选修课程的内容、教学目标，编写选修课程教材，开展社会实践活动等，其价值在于通过课程展示学校的办学宗旨和特色。

（三）课程的现代发展

进入 20 世纪 70 年代之后，课程的内涵有了较深刻的发展，概括而言，有以下一些变化趋势：

1. 从强调学科发展到强调学习者的经验

以学科为中心的课程关注的是学科体系、学科内容，这样的课程就把学生的直接经验排斥在外，关注学习者的经验与体验的宗旨是以学生的全面发展作为课程的核心，这样的课程并不排挤学科知识内容，而是在学生现实经验的基础上整合学科知识，使学科知识成为学生发展的资源，而不是控制的工具。

2. 从强调目标、计划发展到强调学习过程的价值

强调目标、计划的课程忽略了教学过程中许多非预期因素，而当教师与学生的主体性得到充分发挥时，教学过程必然"生成"许多事先无法预料的创造性的因素，正是这种非预料的创造性因素能够较大程度地保证学生在获得知识的同时获得身心的全面发展。因此，强调过程性的课程才能使老师、学生的主动性得到充分发挥，才能使学科教学中潜在的教育价值得到充分体现。值得注意的是，强调课程的过程性并不是不要目标、计划，而是将目标、计划整合到教学过程中，使"预设"与"生成"实现统一，"预设"是为了更好地"生成"。

3. 从强调教材到强调教师、学生、教材、环境的整合

片面强调课程即学科、目标、计划，必然出现把教材等同于课程、教材控制课程的认识与现象，而强调学生的经验、体验，强调教学过程本身的教育价值，必然会把课程作为教师、学生、教材、环境的四个因素间交互作用的、动态的、

具有生长力的课程生态系统。

4. 从只强调显性课程发展到强调显性课程与隐性课程并重

传统的课程观是只看重根据教育行政部门颁布的教育计划、教学大纲、课程标准。学校里有计划、有组织实施的是显性课程，而忽视了学生在学习过程中能形成情感、态度、价值观等的隐性课程。而隐性课程对人的发展有着计划课程不可替代的作用，因此，在实施显性课程的过程中应该注意发挥隐性课程的积极作用，使两者成为学校课程的有机整体。

5. 从只强调学科课程到强调学校课程与校外课程的整合

随着信息社会的到来和教育技术的广泛应用，学生在成长过程中获得的知识已不仅仅来自学校、老师。如果把学生在校外社会环境或自然环境中所获得的经验与体验称之为校外课程的话，那么，课程改革就不能仅看到学校这个狭小的领域，而应赋予课程的开放性，以实现学校课程与校外课程的整合、互补，上述变化趋势说明，未来的学校课程更加注重学习者自身的经验与体验，更加注重教学的过程性，更加注重课程的开放性，更加注重多种形态的整合，这些观念必然会影响到数学课程的设计与发展。

二、影响数学课程发展的因素

在不同的时期有着不同的数学课程，制约与影响数学课程发展的因素是多方面的。其中，社会发展的需求、数学学科体系、学生心理基础是三个最基本的因素。

（一）社会因素

社会因素包括社会政治、经济、科学技术的发展、传统习惯、价值观念等，这些因素对数学课程标准与评价标准的制定、课程内容与教学方式的选择起着决定性的作用。

1. 对数学课程目标的影响

由于教育的作用是把自然的人培养成社会的人、社会的生产力，所以，任何教育都必须适应社会发展的需求，而数学教育是教育的组成部分，因此，社会的政治经济、科学技术的需求决定着数学人才培养的规格，也就是数学课程的目标。

对于培养什么人的问题,在教育史上有所谓的"人本主义"与"实用主义"之争。具体地说,所谓"人本主义"的教育目标突出地强调个人的心智训练和发展,由于数学教育对于促进人的理性思维与创造性才能具有特殊意义,因此,数学在"人本主义"的教育思想中占有特别重要的地位。这种现象在古希腊的数学教育中得到较鲜明的体现。

与之相反,"实用主义"的教育目标则强调对于实用技能的掌握,对数学教育而言,就是唯一的注重数学知识的实用价值;这种教育思想在中国古代教育史上有典型的表现。

两种教育目标的对立便有了所谓的"形式教育"与"实质教育"两个学派的争论。"形式教育"学派认为,教育的任务并非主要在于教给学生多少知识,重点应放在学生能力的培养上,而"实质教育"学派主张教给学生对生产、生活有实用价值的知识与技能。为了调和两者的对立与争论,便有了"基础教育的双重目标"的提法。

然而,社会是不断进步、不断发展的,它的进步与发展成为促进教育发展的极为重要的动力,就现代社会而言,由于正经历着由工业社会向信息社会发展这一历史性的变革,从而就向传统的教育(包括传统的教育目标)提出了直接的挑战。

在人类社会由工业社会向信息社会、工业经济向知识经济发展的过渡时期,由于数学在日常生活中的广泛运用以及在其他学科中的渗透,人们对数学的认识产生了极大的变化,这种变化必然要对数学教育提出新的要求。现在每天的报纸和大众传媒广泛使用图表、统计数据;由于计算机的介入,大多数职业要求从业人员具有分析能力,而不单纯是机械操作技能;1980 年前后,一批具有科学与技术融合特性的新技术的出现,使科学与技术之间不再界限分明,这种被称为"高科技"的新技术的发明、掌握与应用,对人的素质提出更高要求,所有这些都说明了这样一个结论,即人们必须具有较高的数学修养和更强的数学能力,才能适应这种现代化社会的生活与工作。美国国家研究委员会(NRC)1989 年发表的关于数学教育未来的报告"人人有份"(Every body Counts)对此做了精辟的论述:"21 世纪的劳动力将是较少体力的而较多智力型的,较少机械的而较多电子的,较少稳定的而较多变化的。"这表明信息社会的公民必须普遍地具有较高的智力水平，社会发展对数学课程的育人标准提出了更高要求，这些要求不仅体现于宏观的素质教育培养目标上，更要体现于数学课程的设计与实施等各个具体层面上的微观目标。

2. 对数学课程内容及教学方式的影响

社会经济与科学技术的发展决定了数学教育培养人才的标准，同样社会因素也影响与制约了课程内容与教学方式的选择。当代社会正处于一场信息革命之中，这场革命的传播速度与影响范围远远超过工业革命，世界的各行各业无一不受到它的影响。数学课程设计必须考虑信息社会对人们所具有的数学素养的需要，而数学课程的设置必须适应这种需要，这是不言而喻的。

（1）适应现代化社会生活的需要：随着新技术的发展和某些历史悠久但已陈旧的技术的淘汰，人们日常生活中用到的数学技能也随之改变，为了更有效地适应现代化社会的生活，普通公民必须具有更高标准的数量意识，随着承包制、股份制、租赁制的进一步推行，市场经济的逐步完善，无论是城市还是农村，生产者也将成为经营者，因而，成本、利润、投入、产出、贷款、效益、股份、市场预测、风险评估等一系列经济词汇将会频繁使用，买与卖、存款与保险、股票与债券等几乎每天都会碰到。于是，与这些经济活动相关的数学，如比和比例、利息与利率、统计与概率、运筹与优化、系统分析与决策等，应该成为学生要学的数学知识，也就是说，现代社会生产和生活中广泛应用的数学知识、数学思想和方法应该精选为数学课程的内容。

（2）适应科学技术迅猛发展的需要：科学技术的发展在两方面影响着数学课程的设置，一方面，科学技术越是发展，应用数学的程度越高，人们越是要通过数学才能掌握其他的科学和技术，数学课程应当反映这一点；另一方面，科学技术的发展直接或间接地影响着数学课程内容的改变，课程的内容只能吸收最有价值的科学成果，而随着科学技术的发展，最有价值的标准也随之改变了，这是对数学课程内容的直接影响。随着科学技术的发展，教学手段也将随之改变，而教学手段的改变也会引起课程内容的改变，这是对数学课程内容的间接影响。

我们知道，计算器和计算机已经深刻地改变了数学世界，它们不仅影响到数学教学内容的选择，而且也影响到学数学和教数学的方法。计算器和计算机给数学教学带来的深刻变化必将影响到数学课程的内容与学习方式。例如，对常规计算技能的要求应当降低，使学生有更多的时间来发展数学的基本能力；应当加强近似计算和估算的要求，用发展眼光看，能够准确做多位数的乘法和能够估计出结果相比，显然后者更重要。有时，一个近似的答案不仅已经满足需要，而且比精确答案需要更多的洞察力，另一方面，现代信息技术与数学课程的整合也为学生进行数学探究活动提供了更广阔的空间与有效的工具。

（3）适应为全体学生进行数学教育的需要：传统的数学课程是在西欧工业革命后这一特定的历史文化背景下发展起来的，当时，只有少部分人才能接受学校教育，所以学校课程是为培养精英设计的。在我国，同样存在着类似的现象，所有学生都学习为部分有望继续深造的学生而设计的同一门数学课程。多年来，数学学科成为大学教育的"筛子"，淘汰了许多数学不合格的学生，而信息社会对大量具有基本数学素养劳动力的需求必然迫使学校前所未有地向更多的学生实行更多的数学教学。"学校数学的中心必须由二元的任务——为多数学生的最低限度的数学，为少数学生的高级的数学——向单一的任务转变，即选取为所有的学生所需要的数学中的核心部分"，数学教学内容的选取面向全体学生，但又要考虑到学生水平的差异性，兼顾到尖子学生的培养，因此，数学课程设置必须遵循统一性与灵活性相结合的原则。在统一要求下，又要有一定的弹性，使教学内容适应不同地区的教育发展水平，使不同程度的学生都能在自己原有水平基础上得到最大可能的提高。

综上所述，信息社会对每一个公民的生活与劳动的量与质提出了新的高标准要求，因此，每一个公民的知识、技能、能力、态度也应发生相应的变化。数学课程应当充分适应这一变革，教学内容与进行的学习方式必须保证学生在学校里学到最有用的知识，以确保他们的技能、能力和各种非智力因素都得到充分的发展，从而能够适应未来社会的需求。

（二）数学学科因素

作为学校主要课程之一的数学，是在数学科学的基础上，经过教学法的"加工"而形成的。因此，数学课程的设置，必然受到数学科学发展现状和学科自身体系的制约和影响，数学学科对基础教育数学课程的影响主要体现在以下两个方面：

1. 现代数学观的建立

数学观是对数学本质的一种认识，有什么样的数学观就有什么样的数学教学观，而数学观应该"与时俱进"地随着数学科学的发展而发生变化。

2. 对数学课程内容的影响

如果说数学的发展对现代数学观的建立是间接影响的话，那么对数学课程的影响应该是最直接的。例如，17世纪对数、解析几何和微积分先后创立，基于这些知识的应用价值，相应的基础知识均先后纳入大学数学教材之中，后来概率统计、集合论等初步知识也相继充实到大学数学课程中来，使大学数学教学的内容发生很大变化。

进入20世纪后，以数学结构研究为核心的数学已发展成为强大的、多分支的数学科学。特别是近几十年来，数学有了惊人的发展，不仅发现了许多新的数学领域，而且应用数学的类型与范围以空前的速度增加，数学科学已进入一个对我们的生活、行为、思维有更大潜在影响的时期，数学科学的这种发展，必须在基础教育数学课程中得到反映，以改变数学教学内容过于陈旧的状况，实现数学教学内容现代化，数学教学内容现代化的内涵可以归纳为以下两点：

（1）适当增加适应学生认知水平的近现代数学知识：传统的大学课程以初等代数、初等几何的基础知识为主，时至今日，在大学课堂上完全讲授17世纪之前的数、式、方程、函数等传统内容，显然已不符合时代的需要，精选传统数学内容，适当增加近现代的数学知识已成为世界各国基础教育数学课程的共性。目前世界各国大都降低了数的四则运算、多项式和根式运算与变形的难度与要求，仅保留了对培养运算技能，对后继学习以及对生活有用的相关内容。比如，降低解方程精确解的要求，但提高了用图像解方程、不等式的要求。对于方程的应用，更多的是从建模的角度提出要求，适当增加对学生有用且与认知水平相符的近现代数学的基础知识，如数据处理、概率统计、微积分、向量、算法与框图、简易逻辑等内容。对于高中来说，还包括一些能够充分体现现代数学发展和数学科学威力的内容，如雪花曲线的研究、海岸线的测量等，在我国高中新课程选修内容中还增添r矩阵与变换、信息安全与密码、开关电路与布尔代数等反映现代数学发展的有关内容。

（2）突出数学思想与方法：数学科学发展对基础教育课程的影响，不仅体现在增加内容方面，前苏联数学教育家斯托利亚尔认为："数学教学落后于现代数学科学与其说在于内容（大学课程的传统内容能删去的不多，而且可以增加的现代数学内容也很少），倒不如说在于思想基础和内容的逻辑结构，要克服这种现象，不是采取在大学大纲中增加新课题的方法，而是把教育建立在现代数学的思想基础上，使大学课程的风格和语言接近于现代数学的风格与语言，使学生的思维向现代数学思维发展。"也就是说，对于必须保留的传统数学内容，应该用现代数学的语言、观点去处理，必须突出数学思想与数学方法，以实现语言、思想、风格的现代化。

（三）学生的因素

促进学生全面的、积极的、富有个性的发展是数学课程的主要目标。从这个基本观点出发，数学课程的发展必然受到学生这个因素的制约与影响。这种影响主要体现在两方面：

1. 数学课程的设置必须适应学生的身心发展

数学教学的对象是学生，而学生的认识能力（尤其是思维能力）的发展是有规律的，但也是有限度的，在大学阶段，青少年的智力正处于成熟发展的时期，知识经验和认识能力尚未成熟。因此，数学课程目标的制定、课程内容的选择、课程体系的编排都必须适应学生的年龄特征与发展水平，只有这样学生才能在教师的指导下，凭借自身的知识经验与能力，找到接受新知识的切入点，才能积极主动地、有意识地、创造性地投入学习活动之中，也就是说，只有数学课程设置适应学生的内部条件，使学生以全部精力倾注于学习的思维活动时，教学才会有效，教学目标才能实现。因此，随意加入超出学生思维发展水平的知识内容的做法是不可取的。"拔苗助长"势必产生事与愿违的结果。

2. 数学课程的设置必须促进学生的身心发展

我们必须认识到，大学阶段正是学生获取知识、发展能力的关键时期，而教学过程是一个特殊的认识过程，最有利于学生的知识经验的积累与能力的发展。因此，数学课程对学生的适应性必须是积极的、能动的，也就是说，要在适应的基础上促进学生的身心发展，任何过低估计学生的认识能力或者降低要求的做法都会给人才培养带来损失。

教学论专家认为，促使大学生学习并构成学生学习原动力的，是学生目前已达到的内部水平同新的学习任务和期望达到或必须达到的水准之间的矛盾，也就是说，应当掌握的新知识同学生的内部条件产生矛盾（包括一些学习障碍或知识难点）时，才能促使学生产生强烈的问题意识、目标意识，才能够积极开展思维活动，以求达到新的水准。因此，我们要求学生学习的知识内容不能仅仅着眼于学生现有的心智发展水平，而必须有所"超越"，即课程目标与课程内容应对学生的智力水平构成适度的挑战，使学生在老师的指导下，凭借自己的意志努力，了解问题的实质，并能解决问题，同时提高自己的心智发展水平。

苏联心理学家维果茨基把这种能最有效地施加教育影响的、有可能发展但尚未实现的心智功能发展状态，叫作"最近发展区"，数学课程的设置应当着眼于学生的这种"最近发展区"，在学生内在条件的基础上，实现新的发展，创造出一个又一个更高水平的发展区。

由此可见，学生因素决定着数学课程的"量"与"度"，其基本准则是在适应的基础上促进其发展的。

第二章　数学的教学改革与发展

第一节　我国数学教学改革与发展

一、高等数学教学改革研究主题呈现多元化

（一）高频关键词分析

本书通过将 1760 篇文献的题目、作者、单位、关键词、发表年限等信息以 NoteFirst 格式从中国知网中分批导出，利用 BICOMB 软件对其进行关键词提取和统计，划定频次 =10 的关键词为高频关键词，得出高频关键词表（见表 2-1 所示）。结果显示，1760 篇论文包括许多主题关键词，除"高等数学""教学改革"关键词之外，排名比较靠前的关键词依次为"高职院校""课程改革""教学方法""应用型人才""数学建模""分层分类教学""教学模式"等。这些关键词可以大致反映高等数学教学改革研究热点。这表明，已有研究主题比较多元化，研究内容涉及面广且比较丰富。

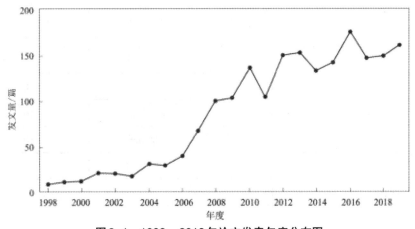

图2-1　1992—2018年论文发表年度分布图

表 2-1　高频关键词分布表

关键词	频次	关键词	频次
高等数学	1643	教材	15
教学改革	1179	创新能力	15
高职院校	251	模块化教学	14
课程改革	142	探索	14
教学方法	141	教学实践	13
应用型人才	129	职业教育	13
数学建模	96	人才培养	13
分层分类教学	96	数学软件	12
教学模式	95	对策研究	12
教学内容	61	民办高校	12
独立学院	55	教育改革	12
数学实验	50	互联网	12
教学质量	38	教学理念	11
高职高专	26	考核方式	11
素质教育	26	因材施教	11
教学现状	26	翻转课堂	11
数学教学	23	探讨	11
多媒体教学	22	问题	11
实践	19	策略	11
创新	18	教材建设	10
数学思想	18	能力	10
教学手段	17	数学文化	10
微课	17	专业需求	10
数学素质	15	课堂教学	10
现状	15		

（二）社会网络分析

社会网络分析以可视化方式展示出行动者个体及其群体关系的结构及其属性。两个关键词在多篇文章中共同出现的次数越高，说明该关键词就越能代表本领域的研究热点。社会网络分析法能够分析关键词彼此之间的关系及其在整个网络中的位置。将 BICOMB 中生成的共现矩阵导入 UCINET 软件中，并使用 Netdraw 功能生成高频关键词社会网络知识图谱（如图 2-2 所示）。图中节点的大小对应关键词在网络中的重要程度，节点越大，说明关键词在该网络中占据越重要的位置。由图 2-2 可看出，"教学改革""高等数学""高职院校""课程改革""教学方法"等关键词稳居前列，与上述高频关键词排名基本相吻合。这也佐证了居于中心位置的高频关键词可以代表该领域的研究热点。

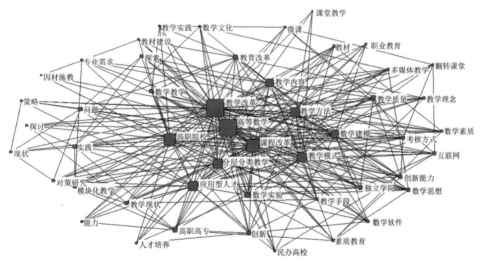

图2-2 高频关键词社会网络知识图谱

（三）聚类分析

聚类分析是一种将具有类似特点的研究对象划分为同一类的统计分析方法。为探讨已有研究热点的主题结构，本书利用 S 聚类分析法对上述 49 个高频关键词进行聚类，把关系密切的关键词归纳为一类，进而表明该研究领域分支的组成。先把共现矩阵转换成相异矩阵（见表 2-2 所示），再将其导入 SPSS 统计软件中，然后通过系统聚类方法得出高频关键词谱系图（如图 2-3）。依据图 2-3 可知，我国高等数学教学改革已有研究内容可以划分为七大类。

表 2-2　高频关键词相异矩阵（部分）

关键词	高等数学	教学改革	高职院校	课程改革	教学方法	应用型人才	数学建模	分层分类教学	教学模式
高等数学	0.000	0.197	0.642	0.723	0.726	0.731	0.778	0.778	0.785
教学改革	0.197	0.000	0.687	0.907	0.814	0.800	0.807	0.834	0.898
高职院校	0.642	0.687	0.000	0.894	0.947	0.967	0.948	0.936	0.922
课程改革	0.723	0.907	0.894	0.000	0.936	0.941	0.966	0.966	0.854
教学方法	0.726	0.814	0.947	0.936	0.000	0.970	0.940	0.991	0.983
应用型人才	0.731	0.800	0.967	0.941	0.970	0.000	0.964	0.982	0.955
数学建模	0.778	0.807	0.948	0.966	0.940	0.964	0.000	0.958	0.990
分层分类教学	0.778	0.834	0.936	0.966	0.991	0.982	0.958	0.000	0.937
教学模式	0.785	0.898	0.922	0.854	0.983	0.955	0.990	0.937	0.000

二、高等数学教学改革研究内容

根据高频关键词谱系图可知，我国高等数学教学改革研究内容主要可以划分为以下七类。

1）高等数学教学改革主体研究。该组主题由高等数学、教学改革和高职院校3个关键词构成。通过梳理相关文献得出，高等数学教学改革研究主要集中于高职院校这一主体，即绝大部分论文主要是高职院校高等数学教学改革相关研究。该主题研究内容广泛涉及教学内容、教学方法、教学手段、课程改革、实践与应用等各个方面。如戎娜的《高职高等数学教学方法的探索与研究》、王海龙等人的《高职数学教学改革的实践和思考》、李连喜等人的《高职院校高等数学课程的定位与教学目标》等。

2）高等数学教学改革策略研究。该组主题由对策研究、问题、现状、策略4个关键词构成。据相关文献可知，我国高等教学现状中存在许多问题有待解决，如刘涛在其研究中指出，当前应用型本科院校的高等数学教学普遍存在"缺乏学习动力""没有良好的学习习惯""教师教学方法单一"等问题，她提倡高校要精心挑选和组织教学内容、优化教学模式、调整成绩评定比例、加大平时成绩分值、

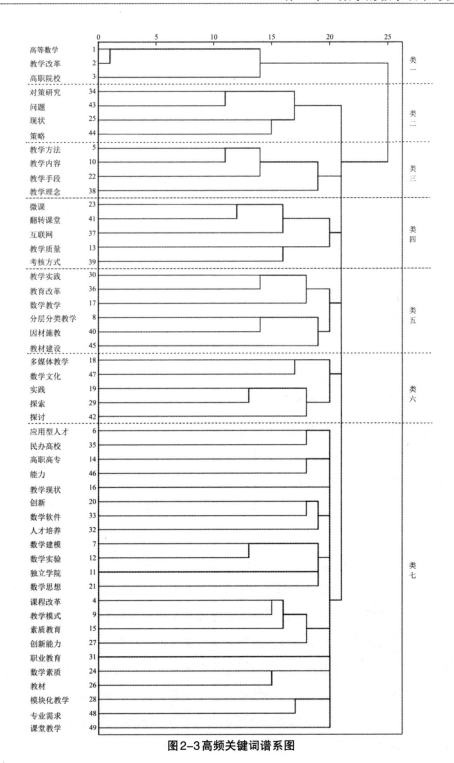

图2-3高频关键词谱系图

采用多元教学评价体系。卢璟针对高职数学课程教学在教学内容、教学方法和考核与成绩评定等方面的问题提出了内容模块化、突出时效性讲解、引用"一页开卷"考核模式、引入数学实验、尝试实践训练等改革策略。

3）高等数学课程建设研究。该组主题由教学方法、教学内容、教学手段和教学理念4个关键词组成。其研究内容具体包括高等数学课程建设的现状、问题和对策研究。《谈应用型本科高等数学课程教学改革》《基于移动终端的高等数学课程教学模式的改革初探》《"互联网+"背景下高职院校高等数学课程改革与实践》等论文指出课程建设的主要问题有课程体系的不合理性、课程目标的滞后性、教学方式的死板性、教材类型和考核评价方式的单一性、教学设施和课程资源的不完善性、实践课与理论课课时的不合理性等。

4）高等数学教学模式研究。该组主题由微课、翻转课堂、互联网、教学质量和考核方式5个关键词构成。由传统的教学模式向"互联网+"背景下的多样化教学模式变革，是近年来我国高等数学教学改革的主要研究热点之一。以变革教学模式的方式增加高等数学的考核方式和提高其教学质量，如宋娜娜等人在其研究中提出了一种网络环境下高等数学研究性学习模式和混合教学模式，其中教师需要由传统的教授者形象向网络信息资源的开发者、教学对象的研究者、教学活动的考核者等角色转换。此外，陆建芳等人提出了与考研相衔接的高等数学教学模式、张立欣建议实施PBL(Problem-Based Learning）教学模式（也称作问题式学习）以及其他学者主张的分块共振教学模式、支架式教学模式、模块化教学模式等。

5）高等数学教学过程研究。该组主题由教学实践、教育改革、数学教学、分层分类教学、因材施教和教材建设6个关键词构成。通过分析相关文献可知，我国高等数学教学过程中存在许多问题，导致教学质量普遍不高。由此，在高等教育改革中要尤其关注教学实践，高等数学教学改革要特别注意依据学生的特点选择适合的教材，因材施教，采取分层分类教学方法。如刘伟等人根据生源基础和各专业要求主张对独立学院高等数学进行分层分类教学，谢小凤认为除了进行分层次教学之外，还应注重选择适合民办高校学生的教材、开设数学实验课程、引入多媒体教学工具以及加强师资队伍建设等内改革。

6）高等数学教学改革实践研究。该组主题由多媒体教学、数学文化、实践、探索和探讨5个关键词构成。已有研究中，很多文献聚焦于高等数学教学改革实践，以探讨如何改善和提高教学效果和质量。其中，在实践中探索多媒体教学方式是提高教学质量的重要研究内容，如黄永红等人主张利用多媒体教学手段来推动教学进步。此外，韩雪、权豫西和杨国增等学者从数学文化角度出发，提出通过发扬数学的文化价值和增强学生学习兴趣来提高教学质量。

7）高等数学教学目标研究。该组主题由应用型人才、民办高校、高职高专、教学现状、创新和数学软件等22个关键词构成。该主题的研究内容主要阐述了研究者依据现实社会需求提出开展素质教育，主张各类高校应主动对教学现状进行改革，积极转变教学思想，进行课程改革，采用先进的教学模式和多样化的学习形式，如理论学习与实践相结合，以培养富有创新能力的符合专业需求的应用型人才，其中主要包括教学目标的科学定位、课程教材的设计与选择、教学组织和实施等关键环节。若要顺利实现培养富有创造性的应用型人才，其他每一个环节顺利实施都很重要，因此这些关键环节都是研究者的研究热点。如李珉等人为了实现应用型人才培养目标，针对教学现状中存在的学生基础参差不齐、教学模式和教学方法单一、对口教材缺失等问题，提出明确教学目标、转变传统教学方式、依专业特点分别制定教学大纲、完善评价和考核体系等建议。

第二节　建构主义与当代数学教学改革

一、"建构主义"观下的数学教学思想

（一）"建构主义"观下的数学教育观念

数学观念是指人们对数学的基本看法和概括认识，它是人类思维活动的产物。数学观念并不是外界和别人强加的，而要以知识为载体，经验为中介，经过主体的建构才得以形成。知识就是某种观念。个体认知结构的不断发展过程和不断建构过程，就是观念的改变过程。例如，数学中公理化的方法，学生刚接触时，觉得公理系统极其抽象，难以理解，为什么原始概念不加解释，为什么要做许多规定？但随着知识的掌握，经验的积累，公理化的观念就得以建构和发展，这些疑问也就自然解决了。从而认识到"规定"是为了工作方便，把它作为研究出发点，原始概念不加解释，具有高度的抽象性，从而保证了公理具有应用的广泛性。因此，所有学生学习数学时都在从事大量的创造，他们按自己的想法与理解去解释所学的东西时，就像在创造一种理论去弄懂这些东西，他们不是简单地复习学过的内容，而是用新的观点去改造原有的想法，因此，每个学生的数学知识都打上了自己的个人烙印。

数学是人类文化的重要组成部分，是一切科学的工具。由于它本身所具有的高度的抽象性、逻辑的严密性、应用的广泛性等特点，决定了它在培养学生创造素质中的特殊地位，数学教育培养学生的创造素质是其他学科无法代替的。数学教育改革，应把现行教学大纲所提出的学生几大能力的培养提高到培养创造性思维能力的高度上来认识，用以指导数学教学实践。我们广大教师要充分利用数学教育的阵地，更新观念，不断改进方法，使学生受到创造素质的教育，为培养跨世纪的合格人才做出贡献。因此，在建构理论指导下的数学教育应当树立以下几种观念。

1. 非逻辑思维能力培养的观念

非逻辑思维包括形象思维、直觉思维、灵感思维和数学审美等。研究表明：

形象、直觉、灵感思维在人的创造思维能力中占有举足轻重的作用。数学审美能力在数学学习过程中，起着非智力因素和智力因素之间的桥梁和中介作用，如当代数学家纳尔逊 1983 年指出："与一般 n 维空间不同，在四维空间中至少存在两种不同的微分结构。"四维空间的这一奇妙性质，立刻轰动整个数学界，没有很好的非逻辑思维能力，作出这样的判断是难以想象的。再如非欧几何学的建立，完全是人们追求简单美的结果，这说明有美感才会有数学创造。

2. 数学语言能力培养的观念

数学语言是科学语言，它的符号与图形都是用来表示数量与空间形式及其关系的，是认识量与空间形式之间关系的有力工具。我们知道，语言是思维的工具和载体，语言可促进思维，深化思维，思维又可创造语言。数学语言的发展与数学思维的发展更是相辅相成互为促进的。如数的发展产生了复数语言，而复数语言的发展又产生了复变函数论这门具有广泛应用价值的数学学科。

数学语言所表达的创造性的思维过程，最能体现一个人的创造精神和克服困难的坚强意志。数学语言具有准确、抽象、简练和符号化等特点。它的准确性可以培养学生诚实正直的品格，它的抽象性有利于学生揭示事物本质的能力的培养，它的简练和符号化特点可以帮助学生更好地概括事物的规律，有利于思维。一个公式、一个图形胜过一打说明，符号公式的和谐与简洁美，有利于学生记忆、有利于学生分析问题、有利于计算和逻辑论证。如学习复数时，$1<|z|<2$ 所表示的意义，若用日常语言说明就比较麻烦，而懂数学语言的人一看就知道表示什么。再如用韦恩图表示集合间的关系，使抽象问题变得形象直观，有利于学生掌握其内在联系。

学生语言的发展就是思维的发展。一个人没有很好的数学语言能力，就不可能有很好的创造能力，从某种意义上讲，数学教学就是传播数学语言，要把数学当作一门特殊的语言来研究，要确立数学语言培养的观念。在数学教学中，要重视概念的形成，重视数学语言与日常语言间的转译，重视符号图式的表示和运用以及知识网络纵横交错的联系。如会用符号语言列方程解应用题，会用函数语言描述运动模型，会用逻辑语言论证，会用计算机语言指导计算。

3. 真正以学生为主体的观念

数学教学以学生为主体，作为一种教学指导思想和行为观念，由于各方面的原因，并未真正在广大教师头脑中确立。"重教轻学"的问题仍然存在，有的老师贪多求全，一味讲解，拼命灌输；学生被动接受，思维没有得到充分展开，知识僵化，依赖性强。这种"注入式"教学法的指导思想是与"以学生为主体"的思想相悖的，严重阻碍创造思维的发展。

以学生为主体，一切活动都必须以调动学生的主观能动性为出发点，引导学生自主活动，使学生真正成为认知的主体。以学生为主体，并不是让学生放任自流，教师要当好引导者，重视学法指导，指导学生如何去发现和探索问题。数学教学是揭示数学思维过程的活动，教师要充分暴露思维过程，使数学教学成为再发现、再创造的过程；教师要创设学习情境，创造民主课堂，提出问题让学生讨论，鼓励学生发表自己的见解，哪怕是错误的，充分让学生参与教学，互相争论，互相启迪，这样有利于促进学生创造力的发展。如 20 世纪 30 年代后期法国出现的著名的"布尔巴基"学派，就是由一批年轻人经常集会，在一起探讨各方面感兴趣的数学问题，取得的数学成就硕果累累。以学生为主体，让学生自己去探索、发现、再创造，最能调动学生的积极性，最有利于培养学生的数学能力，特别是创造性能力。

4. 确立数学应用的观念

数学应用是数学教学的基本观念。有人说数学是科学的皇后，也有人说数学是科学的仆人，不管怎么说，其意义都是说明数学应用于一切科学，数学的创造都是其物质性的，它来自生产和生活的需要，又为生产和生活服务。人类社会发展的根本动力在于生产力，数学教育不仅要适应生产力的发展，而且要促进生产力的发展。这就要求数学教育必须面向大众，联系实际，注重数学的应用价值。长期以来，我们数学教育是以概念和数学基本原理（公理、定理、公式、法则等），以及例习题的纯形式数学的模式展现在学生面前的。以其高度抽象、高度严谨的枯燥形式出现，与实际应用脱离较远，与当今世界有些发达国家的注重实际、联系生活的数学教育相差甚远。学生在课堂完成纯数学的学习，没有一点实践环节，毕业后应用能力普遍较差，这种脱离实际的教育在一定程度上限制了学生的发展。

当今社会无处不用到数学，计算机知识、概率统计、线性规划、系统分析等等现代数学知识在经济建设中都具有广泛的应用价值。数学教材必须改革，要重视应用，拓宽知识面，突出"数学建模"，引入"问题解决"。数学教学要加强实践环节，要用数学语言描述现实世界的一些数量关系和空间形式，建立模型，解决问题。这不仅体现了数学的应用价值，而且有助于学生灵活掌握数学知识和技能，对形成学生解决问题的能力，特别是创造能力有十分重要的作用。

5. 重视数学思想方法的观念

数学思想方法是人们对数学知识本质的认识，是数学的思维方法与实践的概括。数学的知识内容始终反映着两条线，即数学基础知识和数学思想方法，每一章乃至每一道题都体现着这两条线的有机结合。没有游离于数学知识之外的数学方法，同样也没有不包含数学方法的数学知识，数学思想方法寓于数学知识之中，数学思想方法的突破往往导致数学知识的创新。如数学中的优化思想、模型方法、统计思想在经济建设中的广泛应用，从而诞生许多新的数学分支；再如寻求"高次代数方程求根公式"的问题源于16世纪，在其后的300年中总有不少著名数学家为之不懈地奋斗，但直到19世纪法国数学家伽罗华创立了"群论"的思想方法以后，才使这一问题得到了解决。

我们知道数学思想方法包含在数学知识之中，获得知识的同时，必然会接触到思想方法。问题仅仅满足于对思想方法的自发认识是远远不够的，应当自觉地去认识。数学思想方法是数学创造活动的基本纲领方法，只有站在数学思想方法的高度来认识数学问题，才能把握思维活动的全貌。在当前的数学教学中，还存在着不去自觉挖掘教材中的思想方法、用数学知识的教学代替思想方法的教学现象，这对培养学生的素质是不利的。

数学思想方法是学生形成良好认知结构的纽带，是知识化为能力的桥梁，是培养数学观念，促成创造思维的关键。我们在教学中要不断优化教学过程，特别是在概念的发生过程、命题的形成过程、结论的导出过程、思路的探究过程中充分展现数学思想方法。通过长时间大范围的潜移默化，势必有利于虚设创造能力的提高。

（二）建构主义的数学学习观

在实际教学中，我们常常会发现这样的现象：教师总是一个劲地抱怨学生连课堂讲过得一模一样的习题，在考试中出现时仍然做不出来。教师尽管在课堂上讲得头头是道，学生对此却充耳不闻，教师在课堂上详细分析过的数学习题，学生在作业或测验中仍然可能是谬误百出。究其原因是学生缺乏对数学知识的主动建构过程。

建构主义认为知识不是被动的接受，而是主体根据已有的知识和经验积极建构的，数学学习因而也就是个体的一种认知建构活动，学生是数学活动的主体。建构主义对数学教育一个基本含义就是每个学生都有他们自己的数学现实。教师所教的数学，必须经过主体的感知、消化和改造，使之适合他们自己的数学结构，才能被理解，掌握，并经过反思和环境的交流，进一步改善自己的数学结构，以达到发挥创造力的境界。学生总是用原有的知识来过滤，解释新的信息，但是他们不能同化完全不熟悉的新信息，学习在于理解，理解数学的概念，符号的意义，数学符号意义的建立是认识活动的结果。因此，学习数学的最好方法是做数学，即我们应让学生通过最能展现其建构知识过程的问题解决来学习数学。当代建构主义倡导有指导的发现学习，认为发现学习使学生处于主动的位置，发现学习导致对知识的更广的一般化能力，促进知识的保持，并使知识能迁移到不熟悉的问题解决情境中，更能促使学生进行强有力的数学建构。总之，建构主义的数学学习观包含三个基本要素：能动性、建构性和社会性。

1. 数学建构学习观的实质

数学"建构"学习观是以学习者为参照中心的自身思维构造的过程，是主动活动的过程，是积极创新的过程，最终所建构的意义固着于亲身经历的活动背景，溯源于自己熟悉的生活经验，扎根于自己已有的认识结构。所谓"思维构造"，即是指主体在多方位地把新知识与多方面的各种因素建立联系的过程中，获得新知识的意义。"建构"同时是建立和构造关于新知识认知结构的过程。"建立"，一般是指从无到有的兴建；"构造"，则是指对已有的材料、结构、框架加以调整、整合或者重组。主体对新知识的学习，同时包括建立和构造两个方面，既要建立对新知识的理解，将新知识与已有的适当知识建立联系，又要将新知识与原有的认知结构相互结合，通过纳入、重组和改造，构成新的认知结构。

2. 数学建构学习的主要特征

（1）个人体验包括语言成分和非语言成分。数学认识的建构是语言和非语言双重编码的。在数学的建构活动中，常常先进行非语言编码，然后才进行语言编码。这些语言的、非语言的编码，使主体获得了客体丰富、复杂、多元的特征，这也就是主体所获得的"个人体验"，并由此在心理上达到对客体完整的意义建构。

（2）智力参与主体将自己的注意力、观察力、记忆力、想象力、思维力和语言能力都参与进去。数学新知识的学习活动，是主体在自己的头脑里建立和发展数学认知结构的过程，是数学活动及其经验内化的过程。这种内化的过程，或者是以同化的形式把客体纳入已有的认知结构之中，使原有的认知结构产生量的变化；或者以顺应的形式改变已有的认知结构，以便与自己不相适应的客体一致，从而使原有的认知结构发生质的变化。由此不难看出，完成这样的过程，完全是主体的自主行为，而且只有通过主体积极主动的智力参与才能实现，别人是无法替代的。

（3）自主活动。学生的自主活动，第一是活动，第二是学生的自主性和积极性。之所以强调"活动"，就是为了强调"做大学数学"。活动是个人体验的源泉，是语言表征、情节表征、动作表征的源泉。数学建构主义的学习以学生的自主活动为基础，以智力参与为前提，又以个人体验为终结。在自主活动下，由于自身的智力参与而产生的个人体验，就是新知识心理意义的基石，最终升华为新知识的心理意义。

（三）建构主义的数学教学观

建构主义的数学教学观把数学教学过程看成以学生为主体的发现（再创造）过程。它对数学教育有重要的指导意义。

1. 坚持以学生为中心

即学生是数学学习活动的认知主体，是建构活动的行为主体，而其他则是客体和载体。学生作为主体的作用，体现在认知活动中的参与功能，没有主体的参与，教师的任何传授将毫无意义，教师的主导作用也无从发挥。主体参与，不是让主体消极地接受知识，而应体现对知识的主动积极的建构。充分发挥学生主动性，参与数学活动的全过程，这个问题早在 20 世纪 70 年代就提出来了。我国已有译本，如苏联 A.A.斯托利亚尔提出"数学教学是教学活动的教学"；荷兰弗赖登塔尔认为"学一个活动的最好方法是做"，让学生"通过再创造来学习数学"；《美国 2061 计划》指出："教学从普通的人类实践中发展起来，在每个人的生活中都能遇到许多产生这种发展的自然的机会。数学教学必须抓住、培养、促进这种发展""我们看到了一个基本的数学过程的循环，它反复出现，形成了最基本的形式：抽象、符号交换和应用"。这样，教学的重点由教转向学，从教师的活动转向学生的活动。因此，数学教学从传统转向现代。自 20 世纪 80 年代以来，以学生为主体，让学生参与教学活动，这些思想已逐渐形成共识，现在的任务是推动这个转变，加速落实这个转变。明确培养学生创新意识和创新能力作为数学教育的一个目标，是推动这个转变的一个动力，而让学生主动地参与数学活动的全过程，则是实现这个目标唯一的最主要方法。课堂教学中可以从三个方面去努力：（1）在学习过程中要充分发挥学生的主动性，要能体现出学生的首创精神；（2）要让学生有多种机会在不同的情境中去应用他们所学的知识；（3）要让学生能根据自身行动的反馈信息来形成对问题的认识和制订解决问题的方案。例如：教师在讲授勾股定理时，让学生通过对图形的割、补、拼、凑，经过了亲自观察和动手操作，发现了直角三角形三边之间的数量关系，这样不仅使学生认识了勾股定理，熟悉了用面积割补法证明勾股定理的思想，而且更重要的是培养了学生的数学思维能力和自我探究能力的习惯，激发了学生学习数学的兴趣。

2.重视问题情境的创设

建构主义学习理论认为数学知识应以各种有待探索的问题的形式与学生的经验世界发生联系和作用。学习过程是一个建构的过程：学生从原有的数学经验世界中，组织起相应的数学建构材料，自己去提问题，选择方法和探索验证，并去表达，交流和修正，从而有效地建构新的认知结构。数学学习总与一定的知识背景相联系。在实际情境下学习，可以使学生们利用自己的原有认知结构中的有关知识、经验"同化"和"索引"出当前要学习的新知识，促成对新知识意义的建构。例如，在球面距离概念教学中，设计了这样的问题情境：球面 A 处有一食物，B 处的蚂蚁用怎样的走法才能尽快得到食物？让学生用一根绳子以不同的路径（球类模拟），测量—猜想验证，激发了学生参与活动的积极性。

3.强调"协作学习"在意义建构中的关键作用

协作学习是指学生在教师组织和引导下，一起讨论和交流，共同批判地考察各种理论、观点、信仰、和假设，进行协商和辩论。先内部协商（与自身辩论到底哪一种观点对），然后再相互协商（对当前问题提出各自的看法、论据，并对别人的观点做出分析和辩论）。这对学生"同化""顺应"后认知结构的"稳定性""清晰性"和"可利用性"起着关键的作用。这当中要注意两点：一是教师是建构活动的设计者、组织者、参加者、指导者和评估者，他起着指导、示范、启发、咨询、鼓励、质疑、评价等作用；二是数学教学中应该遵循适应性原则，传授怎样的数学知识，传授多少，何时传授，这些都要适应学生的生理和心理特点，而且要适应他们的认知结构的建构活动。

4.重视培养和发展学生的元认知

元认知就是指主体对自身认识活动的认知，其中包括正在发生的认知过程和自我认知能力以及两者相互作用的认知。可以认为元认知能力的发展就是为学生在心理上寻找一位"老师"，大大地增强了学生对知识意义建构的自信心，随时告诉自己，在什么情境下应该使用何种知识和策略来解决学习中的问题，因此建构主义理论特别注重培养学生的元认知。例如，在立体几何中,学生从"线面平行"判定定理的条件的探索过程中，反思出"面面平行"的判定定理的条件，并类似地在判定"面面垂直"时，从"线面垂直"判定的条件探求过程中去体验，并从中提炼出共同的特点，便于学生超越问题情境迁移到陌生的问题情境中。

（四）建构主义的数学教学的原则

1.主体原则

在数学教学活动中，学生应当是认知行为的主体，教师是行为的主导。学生是数学学习活动中的认知主体，是建构活动中的行为主体，而其他则是客体或载体。学生作为主体的作用，体现在认知活动中的参与功能。没有主体参与，教师的任何传授将毫无意义，教师的主导作用也无从发挥。主体参与，不是让主体消极地接受知识，而应该体现在对知识的主动积极的建构。正如莱纳所说，知识是无法传授的，传授的只是信息，知识只是在它与认知主体在构建活动中的行为相冲突或相顺应时才被建构起来，主客体之间的相互作用，正是认识活动的本质所在，而教师的作用则是为上述社会建构环境。建构意义下的参与，是思维与经验的全部投入，去接受问题的挑战，这种挑战提供了主客体相互作用与经验重新组合的机遇。

2. 适应原则

数学知识不应看成是与学生的经验和思维毫无联系的东西，也不应是按年龄分发的"定量物质"。传授怎样的数学知识和传授多少，不仅要适应学生生理和心理特点，而且要适应他们的认知结构和建构活动。数学作为一门科学和作为一门学科显然是有区别的。作为一门科学，它追求形式的完美和和谐；而作为一门教育学科，则要服从于教育规律和教育目标，要与学生生理特点、心理需求和认知结构相适应，要与学生的经验世界和建构活动发生作用。现代数学教育观念正向大众化和社会文化性转变。数学教育的目标不再仅仅是培养极少数数学家，而且是为了培养大批具有数学头脑（能理性地思考和精细地处理问题）、数学素养（有稳定的数学知识与心理结构）、数学能力（有参与意识、建构能力和发展水平）和数学信心（智力因素和非智力因素的和谐统一）的通用型人才。这些人可以胜任社会各方面的工作，能适应现代科技水平的发展，提高全民族的整体文化水平和文明程度。

3. 建构原则

学习不应是一个被动消极从外界接受的过程，而应是主动积极地建构知识的过程。数学知识应以各种有待探索的问题的形式与学生的经验世界发生联系和作用。学生从原有的数学经验世界中，组织起相应的数学建构材料，自己去提出问题、选择方法和探索验证，并进行表达、交流和修正，从而有效地建构起新的认知结构。这种数学建构活动是主体的一种主动行为，是其经验与认识的投入和重建，是一种具有探索性的再创造活动。在数学建构活动中，由于问题具有挑战性、探索性、开放性，给经验和思维的投入和重建提供了机遇。学生认识上的反映必然是主观能动的，有利于形成思维过程中的内驱动力和能动机制。

4. 主导原则

教师的传授不应是从书本上力图明白准确无误地搬运知识的过程，而应是数学建构活动的深谋远虑的设计者、组织者、参与者、指导者和评估者。教师的传授实际上是向学生的头脑里嵌入一个外部结构，这与通过内部创造而建立起的心理结构是完全不同的。外部结构嵌入的过程，是被动活动的过程，模仿复制的过程，最终所获得的意义缺少生动的背景，缺少经验的支撑，缺少广泛知识的联系，也就缺少迁移的活力。教师的主导作用是毋庸置疑的，没有教师的指导，单靠学生无法完成任何建构活动。传授不再是一个简单的搬运知识的过程，而是一个连续的生动活泼的与学生的感性世界和理性世界相符合的过程。教师所追求的不仅仅让自己吃透教材讲述明白，而且帮助学生发挥主体作用，积极进行数学建构活动。主导作用绝不是让教师在讲台上滔滔不绝地主讲，即使讲授既严谨又清楚，同样可能是失败的讲授。因为他的讲授可能并不是学生所需要的，或者与学生的经验和理解相去甚远。况且单纯靠教师主讲，学生主听，是一种相互不负责任的教学行为。

5. 问题—解决原则

有成效的数学建构活动应建立在"问题解决"的原则上。即总是由问题的提出甚至从学生思维误区开始，引入概念冲突，通过学生自己的探索和再创造，以及对社会建构（表达、交流、辩论、调整等）的参与，获得问题的解决。所谓问题，远远不只是教科书中的练习题，而是数学教育中具有更一般意义的概念。它既包括数学中理论型、运用型和应用型问题，也包括从数学教育角度提出的各种问题（例如在数学建构活动中提出的各种有利于探索和创造性思维的问题以及学生在探索中所产生的问题）。解决问题与解数学题有很大区别：解数学题是一种重复式的被动式的封闭型的个体行为，解决问题乃是一种积极建构式的开放型的团体行为；解数学题偏重于知识的积累和技能的熟练，解决问题强调能力的发展与素质的提高；解数学题能发展智力结构，解决问题则能促进智力结构和非智力结构（如动机、兴趣、信念、意志等）同步和谐地发展。在解决问题的过程中，建构主义认为首先要对问题的意义进行建构，就是从记忆中激活提取与问题相关的知识和经验，对问题的现有状态、目标状态、现有状态和目标状态的差别，以及可以进行哪些操作来缩小这种差别等，建立理解和联系。在建构"问题意义"的过程中主体的已有经验起着十分重要的作用。

二、"建构主义"观与数学课堂教学设计

（一）"建构主义"观下的教学设计原则

1.以问题为核心驱动学习，问题可以是项目、案例或实际生活中的矛盾。

2.强调以学生为中心，各种教学因素，包括教师只是作为一种广义的学习环境支持学习者的自主学习，诱发学习者的问题并利用它们刺激学习活动，确认某一问题，使学习者迅速地将该问题作为自己的问题而接纳；学习问题必须在真实的情景中展开，必须是一项真实的任务；强调学习任务的复杂性，反对两者必居其一的观点和二者择一的环境。

3.强调协作学习的重要性，要求学习环境能够支持协作学习。

4.强调非量化的整体评价，反对过分细化的标准参照评价；要求设计学习任务展开的学习环境、学习任务必须提供学习资源、认知工具和帮助等内容，以反映学习环境的复杂性，在学习发生后，学习者必须在这一环境中活动；应设计多种自主学习策略，使得学习能够在以学生为主体中顺利展开。

5.建构主义的教学设计强调要发挥学习者在学习过程中的主动性和建构性，根据初级学习和高级学习划分，提出了自上而下的教学设计思想和知识结构网络的概念，重视"情景""协作"在教学中的重要作用。提出一系列以"学"为中心教学策略，如支架式教学策略、认知学徒教学策略、随机进入教学策略、抛锚式教学策略、社会建构教学策略，等等。这些思想和学习策略，为构建建构主义教学设计模式奠定了很好的基础。

6.建构主义教学设计强调学生是认知过程的主体，是意义的主动建构者，因而有利于学生的主动探索、主动发现、有利于创造型人才的培养，这是其突出的优点。

（二）基于建构主义的数学课堂教学设计

美国著名的学者马杰说过：任何一种教学设计，都可以概括为三个问题；教什么和学什么；如何教和如何学；教得怎样和学得怎样。根据现代的认知学习理论，数学学习的过程是新的学习内容与学生原有的数学认知结构相互作用，形成新的数学认知结构的过程。从认知结构的变化，数学学习的过程可以分为四个阶

段；输入阶段、相互作用阶段、操作阶段和输出阶段。如图2-4所示：

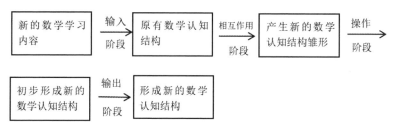

图2-4　数学学习过程

以上四个阶段是紧密联系的。任一阶段的学习出了问题，都会影响数学学习的质量。无论数学新内容是接受还是纳入，都取决于学生原有的数学认知结构。因此，学生已有的数学认知结构是学习新数学内容的基础。要顺利完成以上四个阶段的任务，数学教师首先要考虑学生已知了什么，掌握到何种程度；然后考虑数学教学内容的难易程度、呈现序列等问题，确保学生原有认知结构与新的数学知识相互作用。

对于整个数学学习的过程了解以后，知道学生是如何建立认知结构，但不同的学生有不同的学习特点，知识建构的过程一样，而各自学习的速度、方法等有所不同。因此，设计数学教学除了考虑学生学习的过程以外，还需遵循学生学习数学的原则。依据马忠林主编的《数学学习论》中提到，数学学习的基本原则有四条：主动性和积极性原则；循序渐进原则；及时反馈原则；独立思考和创造性原则。这四条原则是在数学学习实践中总结出来的，用以指导数学学习活动的基本原理和准则，它反映着数学学习的特点和一般规律。从教学的角度看，以学生的认知学习过程为主体，根据数学学习的基本原则进行教学设计符合建构主义教学设计的理论。建构主义认为教师的一项重要的工作就是要从学生的实际出发，以深入了解学生真实的思维活动为基础，通过提供适当的问题情境或实例促使学生反思，引起学生必要的认知冲突，从而让学生最终通过其主动的活动建构起新的认知结构。因此教师在组织教学时要注意以下几点。

1. 教什么

即教给学生什么样的数学。建构主义认为数学不是现成地存在于现实世界，而是学习者组织的活动；那么教师提供的教学内容就应该是学生自己的数学，而不是为学生的数学，教师要教的也是学生自己的数学。所谓"学生自己的数学"可以理解为就是为了学习现实的数学教育，"现实"表达了这种数学教育的两个重要特征：

(1) 这一数学教育是与"现实"生活相关的，学生从现实大学学习数学，再把所学到的数学知识应用于现实中去，课本中的数学和现实生活中的数学始终紧密地联系在一起。

(2) 这一教育是现实的，学生通过这一教育所获得的数学知识不是教师课堂灌输的数学现成结果，而是他们通过各种方式从其熟悉生活中自己发现和得出的结论。通过学习这样的数学，学生就可以通过自己的认知活动实现数学观念的建构，促进知识结构的优化。例如：讲授"对数计算"时，可以引入这样一个例子：教师给学生介绍了复利的概念和计算公式，并解释了如何将对数应用于复利计算中。然后，教师提供了一个实际的案例：假设你在银行存了 10000 元，年利率为 5%，你想要知道 10 年后你的存款会增值到多少。

学生需要使用对数计算来解决这个问题。他们首先需要将年利率转化为复利计算的周期利率，然后使用对数表或计算器来计算 10 年后的存款金额。

2. 怎么教

即采用怎样的教学方法。好的数学教师不是在教数学而是激发学生自己去学数学。也就是说为学生创造建构环境或者说建构的"脚手架"，让他们在学习环境中进行活动。正因为如此，许多教师让学生自己动手操作，让学生通过自己的亲身经历来形成新的数学观念。例如，教师给学生提出了一个问题：如何设计一个最优的投资组合，以实现最大的收益和最小的风险？这个问题涉及了概率论、统计学和优化理论等多个数学领域。然后，教师引导学生分析问题，并提供了一些基本的数学工具和模型，如概率分布、方差、协方差、马科维茨投资组合理论等。学生需要自己搜集和分析数据，建立数学模型，并通过计算机编程来实现模型的优化功能。在这个过程中，学生需要不断地与他人沟通和合作，以解决各种挑战和困难。他们需要通过自己的认知活动来实现数学观念的建构，促进知识结构的优化。最后，学生需要将他们的解决方案进行汇报和展示，接受教师和同学的评价和反馈。通过这种方式，学生不仅能够掌握数学知识，还能够培养解决问题的能力、团队合作能力和沟通能力等。更重要的是，他们通过自己的亲身经历来形成新的数学观念，更好地理解了数学的应用价值和意义。

3. 怎么学

即教师要对学生的学习方法进行指导，通常称为数学学法指导。这实际上是教学的最终目的。"教会学生学习"已成为当今世界流行的口号。苏联教育家赞可夫在他的教学经验新体系中把"使学生理解学习过程"作为五大原则之一。就是说，学生不能只掌握学习内容，还要检查、分析自己的学习过程，要学生对如何学，如何巩固，进行自我检查、自我校正、自我评价。学法指导的目的，就是最大限度地调动学生学习的主动性和积极性，激发学生的思维，帮助学生掌握学习方法，培养学生学习能力，为发挥学生自己的聪明才智提供和创造必要的条件。以微积分为例，怎样学习和解决微积分问题？

对于微积分问题，我们可以采用以下方法：

1. 观察题目并分析问题：学生需要仔细阅读题目，并分析其中所涉及的数学知识点，例如函数的导数、极限、微分等等。2. 列出方程式：学生需要结合题目中的信息，列出相应的方程式，例如求函数的导数，就需要用到求导的公式。3. 运用数学公式：学生需要根据所列的方程式和题目要求，灵活运用各种数学公式，例如求导公式、三角函数公式等等，来进行计算、化简。4. 检验结果：学生需要检验自己的计算结果是否准确，例如可以通过代入原函数验证导数是否正确。

此外，学生还可以从以下角度去深化对微积分问题的学习：1. 理解微积分的概念：微积分是一门基础学科，其概念的理解是十分重要的。学生需要了解微积分的基本概念、原则和定理，建立微积分的概念体系。2. 掌握微积分的计算方法：微积分的计算方法可以说是数学学科中最为重要的一部分。学生需要掌握微积分的各种计算方法并能够熟练地运用它们解决各类问题。3. 注重实际应用：微积分是一门应用广泛的数学学科，学生需要将所学的知识应用到实际问题中，例如运动学、物理学、经济学等领域。学习微积分是一个系统性的过程，需要学生不断地掌握基本概念、深化理解、熟练掌握计算方法，并能够将所学的知识应用到实际问题中。

三、建构主义的课堂教学模式

教学活动进程的简称就是通常所说的"教学过程"。众所周知，在传统教学过程中包含教师、学生、教材三个要素。在现代化教学中，通常要运用多种教学媒体，所以还应增加"媒体"这个要素。这四个要素在教学过程中不是彼此孤立、互不相关地简单组合在一起，而是彼此相互联系、相互作用形成一个有机的整体。既然是有机的整体就必定具有稳定的结构形式，由教学过程中的四个要素所形成的稳定的结构形式，就称之为"教学模式"。

（一）基于建构主义学习环境下的教学模式

建构主义学习理论提倡的学习方法是教师指导下的、以学生为中心的学习；建构主义学习环境包含情境、协作、会话和意义建构四大要素。这样，我们就可以将与建构主义学习理论以及建构主义学习环境相适应的教学模式概括为："以学生为中心，在整个教学过程中由教师起组织者、指导者、帮助者和促进者的作用，利用情境、协作、会话等学习环境要素充分发挥学生的主动性、积极性和首创精神，最终达到使学生有效地实现对当前所学知识的意义建构的目的。"在这种模式中，学生是知识意义的主动建构者；教师是教学过程的组织者、指导者、意义建构的帮助者、促进者；教材所提供的知识不再是教师传授的内容，而是学生主动建构意义的对象；媒体也不再是帮助教师传授知识的手段、方法，而是用来创设情境、进行协作学习和会话交流，即作为学生主动学习、协作式探索的认知工具。显然，在这种场合，教师、学生、教材和媒体四要素与传统教学相比，各自有完全不同的作用，彼此之间有完全不同的关系。但是这些作用与关系也是非常清楚、非常明确的，因而成为教学活动进程的另外一种稳定结构形式，即建构主义学习环境下的教学模式。

（二）运用建构主义理论，构建培养学生创新思维教学模式

《中共中央国务院关于深化教育改革全面推进素质教育的决定》中指出，实施素质教育要以培养学生的创新精神和实践能力为重点。数学创新教育就是通过数学教育来提高学生的创造素质。培养创造性思维能力，发展学生的创新精神，是数学教育的重要任务。

我国数学教育和教学应该提倡和鼓励创新，并且应该明确地把培养学生的创新意识和创新能力作为一个主要目标。这是时代的需要，数学教育经过20多年的改革与发展，提出这样一个目标的时机也已成熟。因此，明确地把培养学生的创新意识和创新能力作为数学教育和教学的一个目标，必将推进数学教育迈向新的阶段。我们知道，创新教育不存在一种固定的教学模式，它本身就是一个开放的、创造的过程。但是，模式作为"一种重要的科学操作与科学思维的方法"，又无时不在影响着我们的教学。"教学有法，教无定法，因材施教，注重实效"，在运用教学模式上也同样应当遵循这个原则。为了在大学数学教学中更好地实施创新教育，我们有必要以创新教育的理论为指导，利用归纳与演绎的方法，继承与发展相结合，构建大学数学创新教育的教学模式体系。

什么是创新教育的基本思路呢？我们认为把大学数学教学过程设计成让学生再发现、再创造的过程，让学生在教师引导下，相对独立地去进行发现与创新，应当成为我们教学设计的基本思路。当然，教材中的概念、公式、法则、定理等知识对人类是已知的，但是这些结论对学生来说是未知的，它不妨碍把教学过程设计成让学生再创造和再发现的过程，而教师的教学艺术也正体现在这种教学设计中。

我认为，在大学数学教学中，为了实现上述的基本思路，"问题解决"应当成为创新教育的基本模式。也就是说在现行教材的基础上，通过典型的内容，设计成"问题解决"的模式，其程序如下：

提出问题→分析问题→解决问题→理性归纳

其中，在"提出问题"阶段要引导学生自己去发现问题，提出问题；要结合教材内容和学生实际，提出的问题应具有可接受性、障碍性和探索性。在"分析问题"阶段，教师要引导学生自主地开展探究活动，进行必要的讨论和交流，教师注重从观念和策略的高度给予启发。在"解决问题"阶段，教师要引导学生完成实施策略，落实解答过程，使学生感受到成功的喜悦并树立学习的自信心。在"理性归纳"阶段，教师要引导学生对问题的解答进行检验、评价、反馈、论证，从而将其上升为理论，并在形成新的认知结构过程中，进行创新方法的指导。在这个基本教学模式的基础上，我们从教学内容和教学形式两个角度来构建创新教育教学模式的系统。从教学内容方面，主要应当加强发现模式、应用模式和建构模式的研究。

（三）"问题解决"课堂教学模式的探讨

"问题解决"是"继现代化"与"回归基础"之后，国际数学教育界的又一潮流，现在已成为国际通用的数学准则。"问题解决"（problemsolving）的口号提出，始于1980年的美国，至今一直被人们广泛接受，成为数学教育的中心课题，这就说明，"它不是一时一地的权宜之计，而是历史的必然，符合时代潮流的明智之举"。在我国，由"应试教育"向"素质教育"全面转轨的今天，提倡"问题解决"无疑是数学教育改革的突破口。它对于培养分析与解决问题的能力，应用意识与创造能力具有重要意义，所有这些都表明，"问题解决"将成为未来大学教学素质教育的核心内容。

"问题解决"作为一种模式，它不仅仅是实际问题的解决，更主要是解决问题的思维方式、方法的学习。数学基本知识的学习情形教学，同样也能用"问题解决"的教学模式进行。在"问题解决"的教学模式中，既有启发示教学法的灵活运用，发现法的教学成分，也有自学辅导法，尝试研究性学习法等各种教学法的灵活运用。即不仅使学生深刻理解知识，强化技能训练，能力和智力得到发展，而且使学生的主体性和能动性得到充分的发挥，是符合素质教育要求的。经过一段时间的探索和实践，我探索出"问题解决"的课堂教学模式一般方案：创设问题—方案实践—启思探究—归纳升华强化训练。下面以本人的一节公开课"函数 $y=A\sin(wx+\phi)$ 的图像"为例加以说明。

首先，提出在物理和工程技术的许多问题中，都会遇到形如 $y=A\sin(wx+\phi)$ 函数，通过复习函数 $y=\sin x$ 的性质和"五点法"作图，启发学生能找到 $y=\sin x$ 与 $y=A\sin(wx+\phi)$ 间的图像关系，从而得到 $y=A\sin(wx+\phi)$ 的性质，以便为解决物理和工程技术中实际问题打下基础，这样就能把学生已有的知识与待解决的问题联系起来。此时，学生会充分活动，调动头脑中的储备知识，设计研究方案，由于问题具有一定的开放性，因此，学生们想出几种不同的研究思路，这时，大家再对每一种方案进行探讨，加以比较，找到一种较为可行的方法，即先研究单值变换：$y=\sin x$、$y=\sin wx$、$y=\sin(x+\phi)$ 与 $y=\sin x$ 的图像间关系，再考虑 $y=A\sin(wx+\phi)$

的图像与 y=sinx 的图像间的关系。接着，学生通过几个具体的关系，在同一坐标系内分别作出：y=2sinx、y=1/2sinx，y=sin2x、y=sinl/2x，y=sin(x+π/4)、y=sin(x−π/3) 的图像，从而总结出振幅变换、周期变换、相位变换的规律。同时，教师可以把自己制作的 CAI 课件向学生演示，加深学生的感性认识，突破教学难点。接下来，教师又提出一个问题：能否在今天学习的基础上，抽象出一般函数 y=f(x) 的图像的有关变换的方法，从而能做到举一反三。学生就开始讨论刚刚总结的三个变换规律，挖掘其共同点和本质。从而总结出图像变换的基本规律是图像上点的变换，具体体现是点的坐标的变换。最后，教师给出一组反馈题，训练这节课学习的内容，然后加以总评、小结。总之，整节课以问题为载体，以引导解决为基础，以自我解决为目标，充分发挥学生的主体性、能动性和教师的主导性。一切都是为了发展学生的能力。

总之，我们可将建构主义理论下的数学教学过程概括为：以学生为中心。在整个教学过程中，教师是教学活动的设计者、组织者、指导者与批判者，利用情境（知识发生的真实情况）、协作（相互协商）、会话（用语言交流思维成果）等学习环境要素，充分发挥学生的主动性、积极性和首创精神，最终达到使学生有效地实现对当前所学知识意义建构的目的。

第三节　数学建模与当代数学教学改革

一、高等数学教学改革的要点

（一）概念教学改革

高等数学课程的概念教学过程非常抽象，也是严重困扰数学教师和各专业学生的主要因素。概念教学的创新改革需要重点研究和规划设计数学概念的有效导入过程以及衔接过程，才能够辅助和引导学生们认知和理解数学概念的引申含义和应用路径。在函数、极限、连续以及导数、微分、积分等相关教学内容的概念教学活动中，很多学生普遍反映概念之间的衔接程度并不强，并且很多抽象的数学定理公式与实际问题的求解过程也并不能实现精准对应。概念教学的改革工作，需要将教学活动作为重点研究对象，并充分提升学生的主体性教学地位。概念教学的有效改革，需要以教学质量和学习效率为主要评价指标，才能够深度挖掘不同专业学生的实际学习水平。概念教学的改革要点，主要集中在将基本数学定理公式实现有效衔接，并采取多样化的教学措施，辅助学生认知和理解较为抽象的数学定理和公式，并在相关实际应用问题的求解思路中渗透数学概念。

（二）题目教学改革

题目教学的改革重点在于提升学生的学习兴趣，并对不同类型的数学题目进行适度引申和拓展，进一步拓宽学生们的数学应用视野。部分高数教师会将题目教学与概念教学相结合，但是非常抽象的教学过程和方法并不利于提升学生们的学习兴趣以及认知理解能力。将多样化的教学手段和方法融入题目教学过程之中，则需要从高数教材中选择有利于培养学生计算思维能力和数学建模能力的训练题目，并将学生的学习反馈结果进行深度解析，构建以学生为中心的课堂教学模式。题目教学的有效改革不仅需要关注学生对题目的认知和理解层次，还需要适度引申和拓展数学题目的解决思路，并不需要让学生完成刻板重复的题目训练操作，更需要关注学生对某一类题型的解题思路是否能够与相关数学概念实现精准对应。题目教学的改革要点，需要从学生的角度出发，构建更加完善的课堂教学模式。

（三）趣味教学改革

趣味教学的改革工作，则需要重点提升不同专业学生的高数学习兴趣，并对不同知识章节的具体教学过程和环节进行创新优化设计。通过应用趣味化教学方法，能够让学生从抽象的数学概念中释放出来，还能够从不同学科专业的视角看待实际应用类问题，并对可以选择的数学概念和定理公式进行详细分类。在高数上册教材中，洛必达法则的应用非常广泛，能够充分体现微分中值定理与函数导数计算之间存在的差异和联系，还能够将多种函数的导数运算模式进行有效变化，更加考验学生的变式思维能力。通过引入趣味化教学方法，能够进一步提升高数课堂的互动性，还能够将多种数学概念和公式定理等教学内容实现有效融合，有利于推动数学概念教学活动的实质性进展。趣味教学改革的重点在于研究和设计教学实施方案，并对课堂互动环节和团队协作环节进行深化设计。

（四）竞赛教学改革

很多高数课程的课堂教学活动都并未研究设计竞赛教学环节，也会影响到学生对全国大学生数学建模竞赛的正确认知和理解过程。高等数学教材中会单独设置数学建模相关内容，但是并不能够充分认知和理解全国大学生数学建模竞赛的真实性和解题策略。竞赛教学的改革要点主要集中在对数学建模思想和解题思路的教学设计层面之上，因此高数教师需要重点研究和设计数学建模方法的实践应用路径，并对比较经典的竞赛题目进行集中探讨，有效引导和辅助学生理解数学建模竞赛的真实含义和意义。通过竞赛教学的改革，能够进一步引申和拓展不同专业学生的实践操作技能，还能够着重培养计算思维能力以及信息素养能力。竞赛教学的改革过程，需要充分运用多种教学资源，并对每年公布的数学建模竞赛题目进行详细分类，才能够有效提升不同专业学生的课堂参与度和学习兴趣。

二、数学建模思想在高等数学教学改革中的具体应用

（一）正确引入数学建模思想

正确引入数学建模思想，是逐步完善高等数学教学改革体系的重要思路之一，也是教学方法改革和优化设计的核心要点。在高数上册教材中，数学建模简介知识章节能够涵盖数学模型概述、数学建模方法步骤、数学模型特点和分类以及实例等相关内容，但是如何正确引入数学建模的基本思想，还需要高数教师进行创新优化设计。对于不同专业学生而言，数学建模思想的实际应用方向存在显著的差异，因此高数教师可以充分结合不同专业知识结构特点，将相关实际应用类问题与数学建模思想进行有机融合，并充分引导和鼓励学生们进行自主探究学习，从实际操作过程中收获数学建模经验，才能够逐步引申和拓展数学模型构建的深层次含义。通过正确引入数学建模思想，能够让学生们从全新的视角认知和理解比较抽象的数学概念和定理公理公式等相关教学内容，还能够服务于本专业知识体系的建构与完善过程。

（二）将数学建模思想应用于公式推导

将数学建模思想应用于公式推导，能够逐步强化和巩固学生们对高等数学基础知识的认知和理解能力。尤其对于定积分、常微分方程等关键高数公式的

推导和分析过程而言，需要将数学建模的基本思想和问题解决路径进行深度解析，才能够将公式推导和分析结果与理论知识体系实现有效衔接。数学公式的推导与分析过程非常考验学生的抽象逻辑思维能力，因此将数学建模思想渗透到公式推导过程之中，能够让学生们从全新的视角认知其他关联知识点之间存在的区别和联系。由于部分高数教师的理论教学能力较强，但是在公式推导与分析过程中，并不能充分调动学生的参与积极性，也会逐步形成刻板思维，并不利于构建数学建模知识体系。将数学建模思想应用于公式推导的过程中，还需要对定积分、常微分、无穷级数等相关知识内容进行分类整合，并着重研究和规划设计顶层设计思路。

（三）将数学建模思想应用于例题讲解

在高等数学教材中，经典例题的讲解过程有助于将学生从抽象的数学概念公式之中解放出来，也非常考验学生的联想能力和应用拓展能力。在将数学建模思想应用于例题讲解的过程中，高数教师也需要科学运用多种教学手段，将更加生动直观的经典例题解析过程进行详细展示，让学生们从全新的视角认知和理解数学建模思想的具体应用思路。以微分中值定理以及导数应用相关教学内容为例，高数教师需要将微分中值定理章节中的罗尔定理、拉格朗日中值定理以及柯西中值定理的具体应用策略进行分类整合与对比分析，并协助和引导学生们对微分中值定理的变形过程进行深度解读，还有利于构建与实际问题相关联的数学模型和解决方案。将数学建模思想应用于例题讲解，还能够充分体现学生的自主探究学习能力，并对部分经典例题的变式解析过程进行直观展示，有利于培养良好的计算思维能力和数学建模观念。

（四）将数学建模思想应用于竞赛预备

将数学建模思想应用于竞赛预备，能够进一步强化和巩固不同专业学生的数学建模应用意识和能力，还能够将大学生数学建模竞赛的经典题目与不同知识章节的教学内容实现精准对接。以常微分方程知识章节为例，一阶微分方程、可降阶的二阶微分方程、二阶线性微分方程、二阶常系数线性微分方程的问题解决思路都能够与多种数学建模竞赛题目进行精准对接。

此外，将数学建模思想应用于竞赛预备，还能够将不同类型的竞赛题目与数学概念公式的推导分析过程进行有效衔接,有利于培养学生的竞赛题目解析能力,还能够合理组合数学公式和公理定理,深入了解数学建模竞赛题目的不同解题思路。在渗透数学建模思想的过程中,高数教师和学生可以针对不同题目内容所指向的基础知识体系进行深度探讨和分析,并从实际问题情境中抽离出来,更有利于构建数学模型,还能够从基础的原型解析步骤开始,进一步优化与完善竞赛题目的求解思路体系。

(五)精选实际教学案例,渗透数学思想

通过精选实际教学案例,能够逐步渗透多种数学思想,还能够对理论数学模型的构造规律和解决思路进行深化设计。在数学建模简介章节汇总,需要通过两个具体实例深入解析数学建模的基本方法和步骤,并对数学模型的构造规律进行分类整合与总结分析。因此,需要通过精选实际教学案例,才能够将数学建模的基本思想渗透到课堂教学环节之中。以路径规划类案例题目为例,需要将不同城市的道路网络拓扑结构进行直观展示,才能够进一步引申出路径规划目标和路线的可行性分析结果。学生们需要从实际教学案例中提取更多与数学概念公式定理相关的条件和数据信息,并采用数学建模的基本解决思路,将教学案例中待解决的问题进行结构化拆解,才能够实现层次化的案例问题拆解过程。但是在选择实际教学案例的过程中,还需要重点关注学生们对实际应用类问题的实际认知理解层次,需要采取因材施教的教学策略,逐步渗透数学建模的基本思想。

第三章　高等数学教学培养数学应用能力改革策略

第一节　相关概述

一、数学应用能力的含义

数学应用能力是指运用高等数学知识与数学思维解决实际问题的综合能力。其中，"实际问题"就是人们日常生活、生产与科研等涉及的实际问题。立足认知心理学与"问题解决"有关的内容，数学应用能力则指在个体大脑中应用数学知识，经过数学认知操作，实现某种思维任务的一种心理表征。事实上，问题解决包括三种状态：起始状态、中间状态、目标状态，统称为问题空间。在此基础上，数学应用能力同样可理解成在问题空间展开搜索，利用数学认知操作，将问题从起始状态转变成目标状态的综合能力。

二、数学应用能力结构

数学应用能力属于一种复杂多变的认知技能，从心理表征角度进行分析，数学认知操作囊括数学抽象、数学逻辑推理与数学建模。因此，数学应用能力则是由数学抽象、逻辑推理与建模能力组成的。例如，数学证明与计算能力是由逻辑推理构成的。在解决现实问题时，需要综合应用多种基本知识操作才可实现。

首先，数学抽象。其包括数量和数量关系、图形和图形关系的抽象。所谓数学抽象，就是将现实世界与数学有关的东西抽象于数学内部，构成数学概念，即研究对象定义、塑造对象关系的操作与指转换性概念，这也是从感性思维转移到理性思维的发展过程。

其次，逻辑推理。即利用已有知识推理出全新结论，从现有命题判断转移到其他命题判断的思维发展过程，包括演绎推理与归纳推理两个部分。归纳推理属于命题内涵由小至大的推理，也是从特殊至一般的推理，利用归纳推理得到的最终结论具有或然性。演绎推理则是命题内涵由小至大的推理，也是从一般至特殊的推理，其所得结论具有必然性。通过演绎推理能够验证结论的可行性与正确性，但却不能拓展命题内涵。值得注意的是，推理需要合乎逻辑和规律，数学内部推理要以数学规则为基准。

最后，数学建模。数学建模就是利用数学概念、定义与思维方式描述现实世界中的规律性事物。数学建模能够让数学真正走出数学的固定"世界"，为数学与现实社会联系搭建桥梁。换言之，数学建模就是借助数学语言表达现实社会数量关系与图形关系。

第二节　高等数学教学培养数学应用能力的原则

一、激发参与原则

常言道："强扭的瓜不甜"，这就从侧面表示教学并非"教师讲解、学生接受"的过程，应以教师为课堂主导，将学生作为主体传授知识。在高数教学活动中，教师培养学生数学能力，更要重视学生的自主参与，尤其是要强化学生数学应用意识，倘若未能激发学生参与课堂教学活动的热情和自主性，那么教学则成为教师个人的"演讲"，教学应用价值也就成为教师课堂讲"大道理"，未能起到强化学生数学应用意识的良好作用。因此，在培养学生数学应用能力时，教师要遵循学生自主参与原则，调动学生的学习积极性，通过教学，让学生体会到数学独有的魅力与应用价值，提高学生数学应用能力。

二、促进合作原则

在课堂教学活动中，师生合作与生生合作能够调动学生的学习积极性，助推课堂教学有序开展。在高等数学教学中培养学生数学应用能力，互助合作尤为重要。第一，课堂教学需要拉近师生距离，加强师生合作，在引导学生体会数学应用价值的同时彰显学生学习主体地位，使学生成为教师教学的"助手"，共同呈现数学应用实践案例，体会数学魅力。在具体教学中，倘若缺少师生合作，容易造成学生失去学习兴趣和应用能力培养效果较差等问题。第二，生生合作。古人云："众人拾柴火焰高"，这就意味着在课堂教学中，加强学生之间的互动、探讨与合作，能够全面呈现数学应用能力培育的乐趣。每个学生的逻辑思维、学习能力与情感各不相同，在运用数学解决现实问题时，可以相互学习、相互借鉴、相互促进，加深他们对知识的理解与记忆，这对学生更好地学习数学知识、提高数学应用能力大有裨益。

第三节　高等数学教学应用能力培养现状

一、教学模式落后

在中国，高等教育已然形成属于自身特有的教学模式，教师"教"与学生"学"基本上都是为了应付各种考试，而且在评价教师教学水平与学生学习质量方面以分数为主导，甚至形成以分数论英雄的尴尬局面。但是，学习高等数学知识，要求学生具备较强的自主性与逻辑思维能力，然而基于应试教育模式的课堂教学不利于培育学生数学逻辑思维，不适应现代高等教育事业发展需求。除此之外，数学教师在传授和讲解知识时仍以课堂教学为核心，单向传输知识，这样学生只能在数学教师的引导下参与课堂学习，"填鸭式"教学氛围明显。这种教学模式与教学环境不仅限制了学生数学逻辑思维的形成，还会影响学生思维发展，不利于有效培养学生数学综合应用能力。

二、教学观念偏颇

在我国各大院校中，数学教师对培养学生数学实际应用能力均存在诸多见解，且各不相同。有些数学教师尚未认识到培养学生数学应用能力的价值和重要性，并未真正了解数学应用能力对学生未来成长、发展的作用，甚至忽视了培养学生数学综合应用能力。同时，有些教师认为高等数学无法与专业教学相比，只是为了各种考试而开展教学，未能充分重视培养学生数学应用能力，导致课堂教学质量与学生数学应用能力不断下降。而且，高校学生缺乏学习自主性和积极性，不愿深入探究数学知识点，更不会将数学知识运用于实际生活，实践应用能力差，严重影响了学生未来全面发展。另外，教材选编单一也是影响学生数学应用能力提升的主要原因。通过系统调查可知，当前我国高校在选用高数教材时，倾向理论性，以理论知识内容为主，这种教材内容的选用既无法切实满足现代社会发展需求，又不利于培养学生数学应用能力，甚至还会阻碍高等数学教育事业的长足发展。随着国内教育事业蓬勃发展，教材内容编写已出现较大变化，但与数学知识应用有关的内容设置较少，难以全面讲解理论知识应用产生的现实意义，无法提升学生数学应用能力，这样不仅会影响课堂教学质量的提高，还容易使学生失去学习信心，不利于培养学生数学应用能力。

三、实践教学匮乏

在现代高等数学教学中，通过全面剖析部分数学建模大赛，学生能够掌握基础数学知识，这也是我国高等数学教育事业发展的可行之处。然则，在现实生活中，学生对数学知识的应用缺少经验，不了解数学软件和数学模型，仅仅是记忆理论基础知识，难以将其应用于实践。究其根本，主要因为高等数学实践教学活动匮乏。通常来讲，数学教师开展数学知识讲解往往根据教材和教学进度落实，未能推行实验性教学，导致学生缺少参与实践活动的机会，既不利于引导学生将课堂所学理论知识应用于实践活动，又会影响对学生数学实践应用能力的培养，导致实验教学无法在高等教育活动中发挥出应有的作用和价值。同时，在缺少实践教学的环境下，教师只能单向地讲解相关数学模型，乏味、枯燥，难以激发学生的探究热情和兴趣。学生也不会自主开展数学建模活动，仅依靠教师讲解数学知识、学习数学知识、记忆数学知识，实践教学匮乏。

第四节　高等数学教学培养数学应用能力的路径

一、改革教育内容，深化知识理解

立足于我国高等数学教育培养学生数学应用能力现状，要进行教育内容革新，具体可从教材内容与课堂教育内容两个方面入手。

首先，在选用数学教材时，数学教师应依托学生多元学习需求和固有的学习习惯进行合理选择，确保教材内容与学生知识学习的契合度。从本质角度而言，想要实现高等数学教学高质量发展，必须强调因材施教，选择合适的教材，这样才能推动学生数学逻辑思维和应用能力的发展。同时，高质量教材能全面激发学生对数学知识的学习热情与兴趣，继而为其日后更好地开展专业学习奠定扎实的理论基础。

其次，注重教学内容的实用化与生活化。在高数教学实践中，教师应结合学生数学基础和学习水平，有针对性地实施教学，利用分层教学法，协助学生理解和掌握数学知识。对于知识基础相对扎实的高校学生来讲，教学内容要以综合训练为主，激励学生自主探索知识、思考问题，全面挖掘学生内在潜能。对于基础相对薄弱的学生来讲，数学教师要帮助学生创建学习信心，巩固学生数学基础，同时为学生提供各类基础练习题，加强学生对知识的记忆，进而为其后续学习高难度的知识提供助力。

尽管数学教材能够为课堂教学活动开展提供基础内容，但是仅靠讲解数学教材内容无法让学生体会到数学的独有魅力，更无法调动学生运用数学知识解决问题的主观能动性。因此，数学教师应创新教育内容，从网络教育平台收集符合学生学习需求的教育资源，丰富教育内容，保证教育内容的新颖性和有效性，让学生改变对传统数学知识枯燥、单调、无用的看法，主动探索高数知识，有效提升学生模型构建能力，使学生能够优化自身数学知识结构，进而真正找到运用数学知识的最佳方法，以此为基准解答各类高数问题和生活问题，提升学生解题能力和水平。例如，在教授"函数的微积分"数学知识时，倘若教师盲目按照教材讲解，不仅难以让学生清楚理解抽象的微积分定义和微分几何定义，而且无法将新旧知识有机联系，难以优化知识结构。此时，数学教师要借助多媒体教学课件，在课堂教学中为学生播放与函数微积分有关的视频，介绍微分产生背景、学者研究历史等，并列举出近似计算中函数的微分应用案例，激活学生个体建模意识，引导学生利用微分数学知识合理解决现实问题，充分彰显高数的特有魅力。

二、丰富教学方法，提高教学质量

首先，数学建模。在高数课堂教学中，教师可引导学生参与建模活动，将烦琐的知识简单化，让学生利用最少的时间找到最有效的解决方案，这样既能够加深学生对知识的理解，又是培养学生数学运用能力的最佳途径之一。鉴于此，数学教师应给予建模高度重视，带领学生全面了解高数建模基础原理，明确高数知识的特有规律性，并以此为基准进行数学建模，有效锻炼学生应用数学知识的能力。同时，高校要积极组织各种数学建模比赛，通过物质与精神奖励，引导学生自主参加比赛，激发学生建模热情与兴趣，推动学生逻辑思维发展。

其次，多媒体教学。在网络技术快速发展的环境下，我国高等教育逐渐呈现出信息化、网络化的发展趋势，引进各种先进教学理念、设备与手段，其中多媒体教学法在各大院校中得以广泛应用。因此，在高数教学中，数学教师要系统挖掘多媒体教学优势，实现线上授课，这样既能为高数教学提供诸多便利，又能打破以往课堂教学时空的局限，大幅度提高高数教学质量。与此同时，高等数学包含诸多抽象的知识点和概念，依托口头语言教授，学生难以真正理解并掌握，此时，数学教师可借助慕课视频与微课视频等，直观地呈现数学知识和概念。而且学生在课后也能反复观看教学视频，弥补学习课堂知识的不足，充分利用信息化教学资源。

最后，营造良好的数学教学环境。在课堂教学中，数学教师要明确自身职责与义务，为学生营造良好的教学氛围，逐步引导学生认知数学学习的价值与重要性，调节学生对知识学习存在的消极情绪和错误心理，构建亲密师生关系。基于此，数学教师应深入了解学生的专业学习情况，在讲解数学知识时融入专业内容，这样学生能够更快地理解数学知识，还能将所学知识运用于专业实践，有效提升学生数学知识应用能力。

三、转变教学模式，提升应用能力

首先，创新教学模式。高等数学课堂教育活动要以培养学生数学应用能力为基准，科学合理地设置习题课程和实验课程，为学生进行数学建模与应用计算机技术奠定扎实的知识基础。从本质角度而言，上述课程均属于实践课程，旨在锻炼学生数学能力，助推学生全面发展。而且，将理论课程、实体课程与实验课程有机融合进行教学，有利于培养学生数学知识理解与应用能力，促进学生知识水平和能力协调。

其次，合理规划课程教育实践。从本质角度而言，高等数学作为基础课程，对学生未来专业知识学习和成长具有积极作用。因为高数课程开设时间相对较早，教师无法全面理解现代学生学习思维、习惯与方法，难以在短期内转变自身教学理念。鉴于此，为更好地培养学生数学知识应用能力，数学教师要科学规划课程教学安排，结合学生现实情况与学习特征合理分配教学时间。例如，将实践课程安排在学生学习基础知识后，课程大约占据 1/4，就是三节理论课程，一节实践课程。与此同时，不可设置过多的数学建模活动，每学期控制在两次左右，防止学生因数学理论基础薄弱而盲目进行实践教学，这样既不利于学生理解和巩固数学理论知识，又会影响整体教学质量。

最后，精心指导。由于学生刚开始接触高等数学知识，所以在解题方面经常会遇到问题与困难，此时数学教师要充分发挥指导作用，引导学生利用所学知识解决现实问题。具体来讲：一方面，表征问题指导。解决这种问题以分析与理解为主，是训练学生数学解题逻辑思维的关键阶段。任何问题的解决皆会涉及条件与要求，只有条件与要求并存，才能得到最终答案。而解决表征问题也是通过系统分析条件与要求，厘清两者的内在联系，引导思维向答案靠拢。另一方面，启发学生解题逻辑思维，通过问题给予既定条件，合理选用解题方法和途径。因此，在高等数学教学活动中，教师可利用启发式教学法，引导学生解决与高等数学有关的应用问题。事实上，高数应用问题和现实生活联系密切，在培养学生数学应用能力的同时，数学教师必须重视对应用题的合理选择，通过启发学生，引导学生深入探究问题解决方法与策略，找到最佳的解决路径，真正做到学以致用。

第四章　高等数学的内容改革策略

第一节　高职院校高等数学教学内容的改革

一、高职院校高等数学教学改革的思路

为全面落实全国职业教育工作会议精神和《国务院关于加快发展现代职业教育的决定》要求，教育部发布《关于深化职业教育教学改革，全面提高人才培养质量的若干意见（征求意见稿）》，提出人才质量是职业教育发展的根本。随着现代职业教育的迅猛发展，高职院校人才培养体系和课程内容急剧变化，在授课时数有限的情况下，要把大量的新内容全部教给学生，必须有新的改革思路和应对措施。要建立合理的教材体系，按学习层次编写不同的教材，使教材能够与专业相结合，与专业知识交叉结合教学，打好基础，逐步形成适应现代社会发展的高等数学教学体系。

高等数学教学是高职人才培养模式和课程体系中最重要的环节，改革必先从高等数学教学开始。高等数学教学改革必须遵循知识本身的规律，张恭庆院士认为数学是一个庞大的有机整体，不断地蔓延和生长，无限地延伸下去，而组成数学这个整体的各层次的"网络"和"结点"之间是用严密的逻辑连接起来的。所以高职院校的高等数学不能只是本科院校高等数学的简单压缩或者精简，同时在数学教学过程中，也要做到循序渐进，使学生与所学内容能够相互衔接，必须遵循人才的培养规律，各个学校各个专业的人才培养方案不同，对学生学习的课程要求也截然不同，高等数学教学就必须按照人才培养方案制定符合各个专业发展的对应的教学内容和教学要求，为人才培养打下坚实的基本功。还需要遵循教育教学规律，教师在教学过程当中，应该时刻注重学生的学习情况，不能一味地以

课堂为中心，一味地进行灌输，一味地追求教学进度，只顾自己讲解、推理、验算，不顾及学生的思考，要知道知识的形成是一个漫长的过程。教师需要引导学生进行思维、思考，让学生学习一种解决问题的方法，而不是让学生看到问题的结果，注重教育教学方法和形式，时刻以学生为中心，以学生的全面发展为中心，才能使学生学有所获。

（一）更新教学观念，重视学生数学能力的培养

高等数学是提高学生创造性思维、逻辑分析、演绎归纳等综合素质所必需的课程，是学生综合素质得到提高的保证。人们对数学学习的深度直接影响到他对待事物的态度，数学底蕴浓厚的人在考虑问题、分析问题和解决问题方面能够表现出出色的思维能力。可见数学对人们的人生发展起到了重要作用，技术路线有多种不同选择时，也有可能减少失误。无论将来从事什么样的工作，都需要数学知识，数学的应用已经遍及各个领域，尤其是计算机网络的发展，数学的重要性进一步得到了证实。只有学好数学，使学生跟上社会发展的需求，才能适应科学技术变革的要求。高职院校的数学教学，主要面对的是专科学生，他们在校学习时间最多就是两年，在这两年里，要想把学生真正培养成什么样的人才有着很大的难度，最多是一个半成品，而大部分能力的培养是在学生走出校园参加工作之后，在工作实践中慢慢锻炼出来的。在学校期间，所学内容主要就是要注重学生基本素质的发展，使学生具备较强的基本功，能够适应社会环境的变化，使学生具备分析判断能力，遇到难题能够进行细心的分析和判断，最终能够顺利解决问题。所以，数学教育就必须注重学生数学素质的发展，锻炼学生的思维，学会逻辑推理、统计分析等综合数学素质，才能发展学生的创造能力，为将来走上社会打下坚实的基础。

（二）加强教材建设，因专业施教

由于各个学校、各个二级学院以及各个专业所要学习的内容不同、难易程度不同、性质不同，对数学的要求也就不同。例如：文科类学生对高等数学的需要不可能和理科类学生相同；在高职院校，学生所学习的专业方向不同，对高等数学学习的需求也不同。以机械专业的学生为例，他们在学习工程力学时，需要运用一些特定的数学知识来解决实际问题。例如，"连续量的力矩的计算"和"重

心、点的运动"这两个问题，就需要用到"定积分计算及微元法"和"定积分的物理应用"等相应的数学知识。机械专业中有很多地方是用物理方面的知识作支持，尤其是三大力学——理论、材料、流体，需要计算校验，如果数学知识淡薄就不会计算和校验。而文秘专业的学生只需要学习基本的数学，能够发展学生判断正误、识别谬误、评估风险、提出变通等方面的能力就可以。所以，随着现代分工的科学发展，专业的划分也越来越细致，高职院校高等数学的发展，必须在注重学生基本的数学知识和能力发展的同时，还必须要和相关专业联系，和相关专业相结合，符合各个专业教学改革的需求，为学生更好地学习专业知识服务。

（三）提升教师队伍，优化师资结构

教师是提升课堂吸引力的核心力量。没有教师的"变样"，没有教师心力的付出，提高高职院校课堂吸引力就是一句空话。清华大学校长梅贻琦曾经说过：大学之大，不在于大楼，而在于大师。教师是直接给学生传授知识的载体，学生大部分的知识都来自教师的教学和引导。教师的知识结构、能力结构、教育态度、工作态度以及教师的教学心态，在教学中起到非常重要的作用。良好的知识结构和能力结构能够使教师在课堂中大胆地拓展思维，能够应用所学到的知识解决实际生活中的问题，收放自如，游刃有余。良好的教育和工作态度能够使教师一心向着教育事业，教书育人，孜孜不倦，任劳任怨，为教学工作奉献力量，只有这样，教师才能全身心地投入教学当中来，寻找合适的教学方法、教学手段，因材施教，照顾和关心每一位学生，积极与学生沟通，不断提高学生学习兴趣，有助于学生全面的发展。可见，数学教师的教育教学能力和水平的高低，直接关系到学生学习数学的兴趣，关系到数学教学改革的实施和成败。

二、高职院校高等数学教学改革的方案

（一）更新高等数学课程目标

通过查阅咸阳职业技术学院课程建设资料，在数学教学大纲中规定了高等数学教学的目的，其基本内容是通过高等数学学习，使学生掌握数学的基本概念以及内在关系，掌握基本定理和公式，熟悉各类数学法则和方法，解决生活当中常见的几何、物理和力学问题。教学大纲在数学教学中起到了指导性的作用，有着

高等数学教学改革与实践研究

明确的教学指导思想；学生在哪一学期学习什么内容，教学大纲中都能查到，采取什么样的考核办法，教学大纲中也有明确说明；教学大纲中规定了教学内容所用的课时数，教师必须按照教学大纲的规定完成教学任务。通过对这些教学目的的分析，咸阳职业技术学院数学教学目标基本上都是围绕传统的教学观念在制定，都是围绕学生"学"字在制定教学大纲。一切以教师为中心，注重教师的教学过程，忽略了学生在学习过程中能力的提高；以教材为中心，注重教材内容的丰富多彩，忽略了教材的实用性。可见咸阳职业技术学院数学教学目标比较陈旧，需要更新。通过查阅资料和专家访谈，认为咸阳职业技术学院目前高等数学教学目标应有三个方面：首先，通过对高等数学基础部分的学习，使学生具备一定的数学素养，解决在初等数学学习过程中遇到的疑难问题，使其得到合理解决，提高数学思想认识；其次，通过对提升专业能力和专业素质相关的数学知识的学习，使其掌握本专业所需的基本数学知识，能够解决本专业的实际技术问题，提高职业核心能力；最后，在数学学习过程中，注重学生学习与实践相结合，让学生了解数学可以很实用，也是一种创造和再创造活动，提高学生学习兴趣，使其发展抽象思维能力、逻辑推理能力、空间想象能力、运算能力和自学能力等综合能力，使学生终身受益。

（二）编写和出版适合本校学生基本情况和特征的数学教材

教材是学生学习理论知识的工具，教师的教学行为必须以教材为主。在教材的基本要求方面，通过查阅相关资料认为高职院校数学教材必须加强极限理论及有关问题的内容，强调微积分基本思想，淡化各种运算技巧，增设数值计算方法和优化计算方法，符合信息化发展的要求。随着计算机数学软件的发展，很多地方的计算已经不需要人工计算，只需要操作数学软件就能得出计算结果。调查显示，在将来的工作中，数学解决问题有50%以上都是利用优化方法，可见数学教材内容必须重视学生的数值方法和优化方法的培养。在教材编写的过程中，必须注重学生发散思维能力的培养，注重数学建模的学习，选择一些典型的具有实际意义的案例进行分析，还必须加强数学历史的编写，趣味性的历史有利于提高学生学习兴趣，注重把现代数学的观点融入数学教学中来。在教材内容设置方面，根据模块教学制定的教学内容，制定适合咸阳职业技术学院的校本教材。教材的特点应是注重学生数学基础能力的培养，数学知识和内容与专业课建设同步，做到学以致用，为学生学好专业课打下良好的基础。在参考高等数学教材以及其他高职高专数学教材的基础上，编写适合咸阳职业技术学院学生的校本教材四本，一本是高等数学基础教材，供大一学生第一学期统一使用；一本是经管类数学教材，供物流专业和会计专业第二学期使用；一本是理工类数学教材，供机械专业第二学期使用；一本是选修课教材，供大学二年级第一学期、第二学期使用。教师根据教材的内容，制订相应的授课计划，写好教案，认真备课，认真准备每一节课，确保上课质量。

1.高等数学教学内容模块化

我们探索应用模块化教学是顺应高职教学的趋势。首先，教材能够满足高职院校学生学习的需要，由于高职院校学生文化成绩比较差，还有许多是单独招生的学生，文化成绩更加落后，而且这些学生在学习的态度和心态上不端正，自律性较差，在一定程度上，他们的理解能力有限，利用现有的教材进行教学，他们很难听懂和理解，而且现有教材存在较强的连续性，前面的知识学不懂，后面的知识就很难学会，这也是导致学生越学越不想学的重要原因。而模块教学是把数学问题进行系统化，采用直观的教学方法，使学生学习起来比较容易。其次，模块相互独立，互不干涉，学生可以选择不同模块进行学习，提高学生学习兴趣，因为学生在学习不了这个模块的时候还可以学习其他模块，总有他感兴趣的学习模块，选择的余地比较大。再次，能够合理地利用学校资源，能够在不同的时间进行多种模块教学。最后，能够提高教师的积极性，教师在教学过程中受学生的影响程度较大，教学过程中课堂气氛活跃，教师讲解的激情和精神面貌会得到很大的改善，投入的程度就会很高，容易产生师生互动，活跃课堂气氛。通过与专业课教师之间的沟通，研究专业课学习过程中在什么时间，需要哪一方面的知识，进行模块建设，充分考虑学生在专业课学习中所需要的数学知识，提前学习，加强学习。

数学教学内容模块化，是许多学者正在探讨的内容。湖南对外经济贸易职业学校曾庆柏老师对高职院校的数学教学进行了模块教学的改革和尝试，把数学模块分为基础模块、升学模块、经管类模块、理工类模块、数字应用能力模块，通过对这些模块的教学，学生数学成绩得到了一定的提高。广东食品药品职业学院黄映玲老师对数学模块教学进行了实验教学，在基础教学的同时，加入应用性模块、数学工具软件模块和数学理论提高模块。数学工具软件模块和数学理论提高模块主要通过选修课的方式来完成，同时在教学过程中，注重对案例的分析，加强案例的实用性建设，紧密联系生活实际，能够解决一些实际问题，让学生真正能够理解数学学习的重要性，督促和指引学生积极学习，发展学生综合能力。这方面的研究还很多，根据咸阳职业技术学院学生现状和专业方向，对机械专业、电子应用专业、会计专业三个专业进行模块教学实验。对整个工作过程加以研究，确定教材体系，主要采用以下方法：以实用性为指导，以必需、够用为补充，以实践性为主，以概念性为辅。根据这些原则，制定和编写教材，与专业课教师协同完成。

2. 模块的制定

表 4-1　高等数学内容模块表

模块分类		内容模块	教学内容	适用专业
高等数学知识模块	基础模块	函数与极限	函数、极限的概念、极限的运算、函数的连续性等	各专业必选内容
		一元函数微分学	导数的概念、导数的计算、导数的应用、微分等	
		一元函数积分学	不定积分的定义和性质、不定积分的计算、定积分及其计算、定积分的应用等	
	专业模块一	复数及其应用	复数的概念、复平面、复数的形式、复变函数、复变函数的导数等	机电数控类
		微分方程	微分方程的基本概念、一阶微分方程、可降阶的高阶微分方程、二阶常系数线性方程、微分方程及微分方程应用举例	
		拉普拉斯变换	拉氏变换的基本概念、性质、逆变换、应用	
		级数	级数的概念、常数项级数收敛法、幂级数及傅立叶级数	
	专业模块二	向量与空间解析几何	空间向量的基本概念、向量运算、曲面及空间曲线方程	机械制造类
		多元函数微积分	二元函数、偏导数和全微分、复合函数与隐函数的偏导数、极值、最值、二重积分的定义与性质、二重积分的计算及应用等	
	专业模块三	线性代数	行列式、矩阵的概念与运算、矩阵的秩、克拉默法则、线性方程组的解	经管类
		概率论与数理统计	随机现象与随机事件、概率的计算公式、随机变量及其概率分布、正态分布、总体的估计	
	应用模块	数学建模、数学实验		各专业必选

通过参考许多学校的做法，以及查阅相关的资料，根据咸阳职业技术学院学生特点，邀请了 5 位数学教师和 5 位兄弟院校数学老师，对数学模块的划分如下。首先是教学基础模块，基础教学模块是不分专业，教师统一授课，着重学习函数的定义、要素、性质，极限的定义、极限思想的理解、极限四则运算法则，函数的连续性，导数与微分、函数求导法则及基本导数公式、不定积分、定积分及其应用等内容。其次是经济学、管理学类模块，工科类模块，这些模块主要是按照学生学习专业课的需要，让学生在学习专业课过程中利用数学方面的知识解决实际问题。最后是选修模块，选修模块主要是对数据使用能力方面的知识，提高学生对数据的处理能力，基本内容包括数据获取、数据处理、数据使用等方面的内容（见表 4–1 所示）。

3. 模块的选择

在确定了模块的授课内容之后，开始对机械专业、物流管理专业、会计专业三个专业进行模块的选择和教学课时的确定。首先，在大学一年级，对这三个专业的学生进行基础模块教学，教学时数控制在 64—68 学时之间，在这一期间，注重对学生基础的教学，让学生在理解的基础上进行适当的拓展和加深，使学生获得一定的数学基础和数学能力，为第二学期的学习打下基础，在教学中需要教师做到善于观察和了解学生学习能力，根据学生的学习情况，对个别知识点做特殊处理，比如较难的地方适当讲得细致一些，或者加上一次复习课、课后辅导等办法，让学生尽可能地掌握这些知识点。其次，在第二学期，按照专业的特点，机械专业主要学习理工类模块，物流专业和会计专业学习经济管理类模块，教学时数控制在 64—68 学时之间，教师在这一阶段的教学过程中需要对以前的知识做一定的复习和巩固，按照学生学习专业课程的进度，适当调整教学内容，做到数学所学内容为其服务，让学生真正了解到数学知识的实际应用，注重案例教学的重要性。最后，在第三、第四学期，开设数学应用能力教学模块，使一些对数学产生兴趣的学生可以继续提高自身的数学素质，教学课时控制在 48 学时左右，主要目的是提高学生对数学的应用能力，为培养学生创造性思维和逻辑分析能力服务。

4. 模块教学过程的处理

高职院校学生数学基础能力较差，这是一个普遍现象，通过对咸阳职业技学院学生高考数学成绩的调查，80% 的学生高等数学成绩都是不及格；随着单独招生制度的实施，学生数学成绩一再下滑。然而在数学教学过程中，教师要根据学生的学习情况，对所学模块难度进行适当调整，本着让学生学就要学懂、学会的态度，对某些学生学习起来比较吃力的地方，可以随机调整课时；在学习过程中，对所需要的已学过的知识点，如大学所学过的一些知识等，可以适当进行讲解，让学生回忆或更熟练掌握，便于学习新知识；学生在学习过程中，可以向老师提出要求，对学不懂的地方或疑难问题可以进行提问，教师根据学生的具体情况做相应的处理。在基础模块教学中，注重学生基础能力的提高循序渐进，不能急于求成，教师要照顾到每一位学生，因材施教，对学习成绩较差的同学要给予一定的鼓励和教育，在晚自习期间对这些学生给予一定的辅导；在经管类模块、理工类模块教学过程中，需要和专业课教师进行配合，教学内容可以做适当的提前或推后，满足数学为专业课服务的需要，能够帮助学生学习和理解专业课内容，满足他们专业课学习的计算、分析、处理实际问题的需要；在选修模块中，教师要注意模块的拓展和加深，不能死搬硬套教材内容，根据学生的学习情况，灵活多变，满足他们的需求，发展他们的数学能力和思维，这些学生是数学建模选拔的对象、是专升本的培养对象，所以在教学过程中还需要教师对一些问题进行拓展，发展学生创造性思维。

（三）进一步加强教师队伍建设

1. 更新教师观念

数学教师队伍建设的首要任务是观念建设，在我国教师受传统观念的影响根深蒂固，许多教师在学习期间就接受了传统的教学观念，在那种教学环境的影响下，教师教学手段和教学方法，一些传统的观念比较陈旧，以学生为中心的教学观念虽然在口头上得到了落实，但是在实际当中，许多教师的数学教学还是摆脱不了教材、课堂的束缚，以教师为中心的教育思想还很严重，这样不利于教学改革的发展。其次，教师的学历结构，对数学教学改革也有着重要的影响，教师文化程度的高低，很可能会影响教师的教学水平和教学能力，在教学方法和教学手段上很可能会产生欠缺现象，同样的问题，让不同的教师进行讲解，学生对问题的看法和认知程度是不一样的，这就是教师的能力和水平不同，从而对学生产生的影响不同。最后是教师的层次建设，任何一个部门，同一年龄阶段的人数不能太多，在年龄结构上不能出现断层。有些学校老教师很多，教学方面的经验比较丰富，但是在接受新知识、新观念、新观点的过程中就会出现许多抵触的心理特征，不容易接受新事物。年轻人太多也是个问题，年轻人思想都比较激进，容易冲动，教学经验比较缺少，所以整个教师队伍应该老中青相结合，形成互补，共同为数学改革创造良好的条件。

2. 建立数量充足的数学教师队伍

充足的教师队伍是进行数学教学改革的前提。教师队伍建设的首要条件是要有数量充足的数学教师。拥有数量充足的数学教师，有利于教师能够保质保量地完成教学任务，在许多学校，教师数量有限，从早上到晚上一天8学时都在上课，可以想象，教师的精力究竟能有多大，这样的教学能否保证教学质量，然而充足的数学教师能够解决这一问题，保证教学质量；拥有数量充足的数学教师，有利于建立团队，进行合理分工，弥补个人能力不足的缺陷；有利于解决教学过程中出现的疑难问题；在选修课教学中，有利于学生选择自己喜欢的教学形式选择教师，让学生有选择的余地。总之，数量充足的数学教师能够满足教学改革的需求，根据教师自身的能力特点，做出自身的贡献。所以，学校一定要注重教师数量的发展，在发展教师数量的同时，注重老中青相结合，这样，新教师能够把先进的教学思想和教学理念带到学校当中来，相互学习和交流，老教师可以传授教学经验，对青年教师进行指导，相辅相成。

3. 成立数学科研小组，研究学生发展动向

数学科研小组的职责就是监控学生数学学习情况的变化，同时搞好数学科学研究。学生数学成绩的变化，对整个学习过程都会产生一定的影响。基础部需要成立数学研究小组，对学生的数学成绩定期进行监控，分阶段对学生的数学学习情况进行调查，遇到问题及时提出，找出解决办法，时刻为学生的学习服务。科研小组还必须承担数学研究的任务，尤其是学校数学教学改革研究，探讨数学教学改革方法，对教学大纲的制定、教材的编写以及授课计划的编写进行细致的审核；不断研究数学教学方法和教学手段，研究数学与现代化教育技术之间的联系，研究数学教学如何适应社会发展的需要，如何满足学生学习的需要，如何培养数

学综合素质的发展提供举措。科研小组不仅仅研究本校学生的学习动态，还必须研究其他兄弟院校学生的学习动态，研究本校学生与其他兄弟院校之间的差距，找出原因，及时调整。

（四）教师教学手段的改革

近几年来，职业教育的改革一直在进行，但是有人却说"职业教育什么都变了，就是课堂没有变"。目前主要采用的教学方法就是传统的课堂教授，"填鸭式"的教学使得学生在课堂上独立思考的能力得不到锻炼，学生的思维能力得不到发展。同时教学手段缺少，基本上都是课堂教学，练习题、考试卷模拟考试等比较单调，学生的兴趣得不到提高。现代教学要求教师学会多种教学方法和教学手段。信息化伴随着当代大学生的成长，与生俱来的信息化生活环境对他们的学习方式、学习习惯以及对于学习的态度都有着深远的影响。面对新一代，传统的课堂已经无法满足当今学生的需求，传统的教学方式也再无法适应当今的教学需要，学习的灵活性，学习的个性化、个体化，学习途径的多元化是教育以人为本的发展方向。面对教育信息化和教学模式改革的双重诉求，高等数学的教学也必须利用"互联网＋"的模式进行"流程再造"。"翻转课堂"模式、世界著名高校引领的"大规模开放式网络课程"及眼下非常流行的"微课""慕课"等一批超越时间、超越空间的开放式、网络化、多媒体学习课程，正在颠覆我们对传统教学的一贯看法，成为促进教育发展、提高教学质量的优秀案例。当然，无论采用什么样的教学方法，绝不能忘记学生的主体地位，必须以学生为中心，一切多问问学生，合理地引导学生进行思考，锻炼学生积极主动的思维方式，让学生带着问题去探索、发现，调动学生的创造性思维，启发学生建立数学思想，培养学生逻辑能力、抽象能力等综合能力，提高学生数学素质。

为满足学生学习数学的需要，数学教师在基础部网站开设交流平台，或者把教师的邮箱、个人 QQ 号码或者微信号码留给学生，学生可以通过网上交流平台或者邮箱等网络手段，与教师进行交流，把一些疑难问题，或者对数学教学的一些建议等发给任课教师进行相互交流。教师对学生提出的一系列疑难问题，需要教师细心认真解答，满足学生学习数学的需要，提高学生学习兴趣。教师与班级同学建立微信群，学生在群里可以发表意见和建议，教师把课堂讲解知识进行整理和编辑，可以以语音的形式，也可以以图像的形式，还可以以视频的形式上传交流平台，学生可以根据自身学习的情况，在课后随时打开，就可以复习已学习的内容，不懂的地方还可以继续和教师交流。

（五）改进高职数学教学模式

通过实地考察和对许多文献资料的整理和分析，以及作者在教学中长期积累的经验，充分吸取同行们的宝贵建议和意见，在专家的积极指导和引导下，以计算机技术作为基础，把计算机技术与高职院校数学教学相结合，形成一种特殊的教学模式，通过计算机软件学习和处理一些现实问题。如将物体运动过程中即时问题的处理、各专业里的最优化问题、机械专业中的误差问题、不规则图形的体积和面积计算问题等项目的研究作为导数、函数的性态、微分、积分等高等数学知识的传授平台。在实施教学过程当中可以按照预先设计的步骤开展：

1. 构建学习环境，引出需要讨论和学习的问题

这些问题基本上都是根据专业课教师事先准备好的，或者经常发生和出现的问题。例如在学习不规则图形面积计算的问题的时候，可以通过间接的方式引导学生学习，因为不规则图形的面积计算对学生来说是比较头疼的事情，学生学习的兴趣就会受到抑制，如果先提出规则图形，或者比较规则的图形进行计算，使学生产生一定的兴趣再学习不规则图形的计算，学生的兴趣就会得到很大的提高，在此过程中，一些数学知识也会得到一定的巩固。通过这一引导，能够增强学生学习定积分知识的兴趣。

2. 分析讨论解决问题，确定这个问题所涉及的数学知识结构

数学教师通过对学生学习能力的理解，逐步指引学生回忆和使用这方面的知识结构，在此过程中，数学教师可以适当地拓展，把以前学过的基本知识进行整合处理，利用最短的时间让学生明白知识点，帮助学生理清思路，找出解决问题的办法，这一过程是锻炼学生把问题如何转变成数学问题的能力。

3. 按照学习层次的高低进行适当分组

分组的形式比较多样，可以随机分组，也可以按照座位分组，男女生分组，按照宿舍分组，在研究过程中发现，按照学生学习层次分组是最合理的。把学习成绩相当的同学放在一起，他们能够敞开心扉，各抒己见，而且提出的解决问题

的方案都是本组别学生能够接受和理解的，如果把学习成绩悬殊较大的放在一起，一些解决问题的方法和方式许多学生就会听不懂或者不理解，就会造成学生厌学的心理。所以相同层次的学生在一组显得尤为重要，往往会出现层次低的组别讨论的积极性更高，因为大部分人能够理解问题的所在。这个阶段主要是锻炼学生积极思考，找出多种解决问题的途径，发展学生发散式思维。

4. 自学过程

应用现代化教学手段。充分利用计算机网络、多媒体等现代教育技术，提高学生学习数学的兴趣。在接受了讨论的问题之后，学生根据需要学习具体的知识点，一些知识是以前学习过的，需要巩固和加强，有些知识点是没有接触过的，需要自己在互联网上临时学习。学生在学习这些知识点的同时，要求教师要不停地迂回指导，随时了解学生的学习状况，发现较为突出的问题时需要统一给予指导，帮助学生理解概念性的东西的同时，还需要指导学生解决问题的思路，训练他们独立解决问题的能力，使他们的这种习惯慢慢形成。

5. 互动学习过程

学生通过自学之后，获得了一定的知识和方法，对问题的看法和观点大家不一定相同，理解的正确与否需要共同进行探讨。在讨论的过程中，很有可能形成大家比较认可的途径，也有可能形成多种途径，这都是互动学习产生的结果，通过互动学习，能够使学生了解多种解决问题的方法，发展学生积极思考能力。

6. 形成定论

通过讨论后很可能会形成多个解决方案，这时候就需要进行定论。

7. 成果鉴定

各个小组把研究出的可行性方案以书面报告的形式提交，在课堂上通过教师和同学的共同讨论，分析其结果的正确与否，给出鉴定，通过相互之间的鉴定，使学生再一次进入了互动当中，原来的知识点又一次得到了巩固和加强，即使是错误的结果，但是交流的过程是值得肯定的。

8. 检验阶段

对学生探讨出来的各种方案进行检验，得出结论。在此过程中，评选出最合理的方案给大家参考，让学生了解他们的方案存在的不足的地方，在此过程中忽略了什么，今后遇到这类事件应该如何解决等等。

（六）教学评价的改革

教学评价主要是以了解学生学习情况为目的，考查学生对所学知识的掌握情况、学习态度、动手能力、思维能力，以及解决问题的能力等，而不同于以往的升学考试，所以考试形式也应该进行一定的改革。以往的教学评价非常简单，主要是以学生的考试成绩做出最后评定等级，考试为闭卷考试，这种考试方式已经不适应时代的需要，不适合现代学生发展的需要，通过研究，制定了新的教学评价方式。首先，学生的最后成绩由四个部分组成，分别是学习态度、试卷成绩、数学活动成绩、作业，其中学习态度占20%，试卷成绩占30%，数学活动成绩占30%，作业占20%；其次，试卷考试形式为半开卷考试，学生可以携带编程计算器，以及一些工具书，对一些公式不需要学生记忆，查阅相关工具书就可以找到，学生只需要知道计算步骤就可以，去除了烦琐的计算过程，最后，注重考查学生数学建模的能力，让学生学习一些数学软件，使数学和计算机紧密结合，开设实验课考查学生的动手能力，多方位地发展学生，数学活动成绩可以以团队形式给出，把班级学生分为若干个团队，对数学问题进行探讨和学习，根据团队对问题的解决结果，给出成绩，通过讨论让学生对数学获得更多的认识，感受到数学学习的乐趣和团队学习的重要性。

第二节　高等数学的教学内容改革策略

一、高等数学教学内容体系的优化

当前高职数学的教学内容及结构体系，已经不适应的教学特点和不同专业、专业群对高等数学的要求，需要进行优化和创新。

（一）明确高等数学在高职教育中的基础性地位

明确高等数学课程在高等职业教育中的基础性地位和重要作用，明晰高等数学课程的目标定位，分析高职学生特点，了解学生实际，搞清高职各专业或专业群对高等数学的要求以及发展趋势，根据经济社会需要，确定学生的知识、能力与素质结构，以此来确立高职数学课程的教学目标。

（二）从学生专业成长角度出发改革课程教学体系

高职教育是以应用能力培养为本位的，高等数学教学要突出应用性，这是由现代高职教育的特点所决定的。高职教育培养的人才素质的高低，很大程度上依赖于数学素质的培养，而数学素质的培养又主要体现在数学教学实践中。在数学教学中，要处理好知识与能力、素质与应用的关系，在讲授重点数学内容的同时，注意融合专业实际问题，为数学的应用提供内容展示的窗口和延伸发展的渠道，提高学生主动获取现代知识的能力。高等数学课程教学，要努力突破原有课程体系的界限，促进相关课程、相关内容的有机结合和相互渗透，促进不同学科内容的融合，加强对学生应用能力的培养。因此，要从应用的角度或者说从解决实际问题的需要出发，从各专业后续课程的需要和社会发展对高职人才的需求出发，来考虑和确定高职数学教学的内容体系。

（三）从培养应用型人才的角度进行教学内容的调整

高职数学教学内容，是连接教师的教和学生的学的中介，教学内容的取舍，一是根据学生专业的教学需要，突出课程的实用性、应用性和开放性。实用性是指数学教学要培养学生解决实际问题的能力，应用性是指教学内容要从培养应用型人才的角度来出发，开放性是指数学教学要从理论延续到实践、从课堂延伸到课外。二是重视数学概念教学，通过专业案例或解决实际问题的过程，引入概念，借助现代教育技术手段，构建概念的解释，强调数学概念的几何意义与物理背景，加强数学应用教学。三是淡化烦琐的数学计算，提倡使用数学教学软件处理计算问题，建立数学内容与专业及专业群的广泛对接。四是加强对数学理论的理解和思考，降低理论性较强的教学内容，突出数学思想方法、数学意识和数学精神的教学，增加数学建模和数学实验内容，激发学生的学习兴趣，提高学生分析和解决实际问题的能力。

二、高等数学课程教学模式的创新

高职数学课程要以学生的应用能力培养为中心，建立数学与专业及专业群的有机融合，将专业知识融入数学教学，应用数学知识解决专业问题，从实践中来，到实践中去，促进数学课程教学模式的不断创新。高等数学与高职专业的融合度越高，越有利于培养学生的数学思维和数学应用能力。

（一）因材施教，构建多层次多模块教学模式

因材施教是教育教学的基本原则，是指教师要从学生的实际出发，有的放矢地开展教育教学活动。对于高考最后一批录取的学生，他们普遍存在综合素质不高、数学基础薄弱、学习积极性不足和学习动力不够等问题。面对这个实际，数学教学的重点就应放在提升学生的数学素养上，放在高职数学课程为学生专业服务上，发展学生的数学应用意识，提升学生的综合能力。在实际教学中，我们应整合教材内容，根据不同的专业设置不同的教学模块，使学生在有限的时间内掌握专业学习必需的高等数学知识。

根据因材施教原则和目前高职数学教学的缺陷，我们把高等数学课程划分为三个模块：基础模块、专业模块和提高模块。基础模块的设定是为了保证学生的文化教育、提升学生的文化素养，满足各专业对高等数学的基本要求，它是高等数学最基本的内容。通过学生的学习，学生的数学素养得到提高，基本的数学运算能力得到加强，学生明确了数学在专业领域的简单应用，也初步具有了应用数学知识分析解决问题的能力。专业模块设定由数学教师和专业课教师共同协商确定，针对不同专业的实际需要设置不同的专业模块，强调高等数学的实用性，讲授内容主要是数学在专业上的应用，让学生感到"数学来源于生活、数学就在身边"。这一模块的授课方式可采用理论联系实际，运用数学建模或数学实验来完成，这种教学模式，促进了学生思维方式的转变，提高了学生的应用意识和创新能力。提高模块的设定是为学有余力或专业对数学有一定要求的学生确定的，在这一模块中主要是学习未讲授的数学内容或介绍一些现代数学思想方法、数学在不同专业的应用案例等内容，为学生继续深造和可持续发展提供支持。

（二）理实一体，融数学建模活动于数学教学之中

理实一体是现代职业教育教学发展的趋势，是突出学生技能训练的有效手段。它倡导学生在实践中发现知识、获得知识、检验知识，可以突破以往理论与实践教学相脱节的现象，教学环节相对集中。通过设定教学目标或具体的教学任务，让师生双方积极参与其中，强调在教师的引导下，突出学生的主体作用，师生通过"教、学、做"与"思考、沟通、实践",全程构建素质与技能培养的平台,丰富高等数学的教学内容,提高课程教学效果和教学质量。

在高等数学教学中融入数学建模内容,将数学建模从竞赛场引入高职高等数学课堂,积极开展理实一体化教学。一方面,提高了数学教师的实践能力及理论水平,培养了一支高素质高技能的高等数学教学团队。另一方面,数学教师将理论知识融于实践教学中,让学生在学中做、做中学,在教练融合、学练结合中理解分析问题、学习知识、掌握技能,通过构建数学模型,建立高等数学与专业的广泛联系,打破了教师和学生的界限,教师在学生中,学生在教师间,这种教学模式大大激发了学生的学习热情,增强了学生的学习兴趣,学生边学边做,边想边练,边思考边总结,达到了事半功倍的教学效果。

三、高等数学课程评价体系的重建

教学评价是以教学目标为依据,运用可操作的科学手段对教学活动的过程和结果做出的价值判断。它是教学活动不可缺少的一个基本环节,贯穿于教学活动的每一个环节,通过同步反馈及时地提供改进教学的有效信息。教学评价过程更强调以学生为中心,将完整的有个性的人作为评价的对象,从学生的内心需要和实际状况出发,更多地采取个体参照评价法,使评价成为课堂动态生成资源的重要手段,通过评价促进教师的教、改进学生的学。

通过高职数学学习评价,研究高等数学教学进程,总结教学经验教训,通过学生学习的信息反馈,一方面,了解学生学的情况,另一方面,了解教师教的水平,发现问题、反思问题并及时做出调整。要建立评价目标多元、评价方法多样、评价形式丰富的高职数学课程评价体系,既要关注学生的课程学习效果,又要关注学生的学习过程;既要关注学生的数学素质培养,又要关注学生数学应用能力的培养提高;既要关注学习好的学生持续发展,更要关心学习差的学生取得进步,帮助学生认识自我,学会反思,建立自信,启迪思路,开阔视野,发展学生的数学应用意识和创新精神。

学生高等数学成绩的评价应采用定量与定性结合、形成性与终结性结合的方式,高等数学成绩可由三部分组成:一是平时成绩(占20%),主要包括上课出勤、课堂表现、课堂发言、作业完成和单元考核等；二是实践性考核成绩（占 30%），主要包括高等数学第二课堂活动、撰写数学小论文、数学实验和数学建模实践活动等；三是期终考试成绩（占 50%），主要按传统闭卷考试模式评定成绩。

四、高等数学课程教学方法与手段的改革

教学方法要为学生学习知识、掌握技能、提高能力创造条件，教学方法表现为"教师教的方法、学生学的方法、教书的方法和育人的方法，以及师生交流信息、相互作用的方式"。教无定法，贵在得法。各种具体的教学方法具有自身的规律，没有一种万能的教学方法适合所有教学内容，也没有一个高等数学内容的教授仅使用一种教学方法。教师要根据学生实际、教学内容的特点以及教学条件等，灵活选择教学方法。教学方法与手段的改革是为了追求教学过程的最优化和教学效果的最大化。

（一）运用灵活的教学方法与手段激发学生学习热情

高等数学教学只有把课堂还给学生，把发展的主动权交给学生，学生才能积极参与其中，发挥其主动性，从而达到较好的学习效果。

1. 建立融洽的师生关系，激发学生的学习积极性

学生对高职数学课程的学习兴趣，来自学生对代课教师的喜好，一个受学生厌烦的教师肯定引不起学生的学习兴趣。尤其对于高职学生来说，教师更要做到平易近人，主动接近学生，关注学生，了解学生，听取学生心声，解答学生疑惑，在学习、生活、思想上关心学生，帮助学生，引导学生认识自我、树立自信、努力学习，同时，要关注后进生取得的进步，促进学生的个性发展和对未来人生的规划。目前，绝大多数高职数学教师，仍然按照传统的数学教学模式开展高等数学教学，满堂灌现象依然存在，一些教师在教学中过于死板、机械，完全按照书本进行讲授，语言不够生动，只重视数学知识的讲授，不重视学生数学思想方法的建立，更少关注高等数学在各专业的应用。为此，必须改变这一现状，加强数学教师的业务学习，调整专业知识结构，注意数学问题引入的专业背景，重视问题意识，言传身教，精讲多练，将复杂问题简单化，使学生学会分析解决实际问题，树立学好数学的信心和决心。

2. 倡导积极主动、勇于探索的学习方式

数学课堂教学过程就是教师引导学生开展数学活动的过程。数学活动不是简单地将数学知识通过教师的传授"复制"给学生，而是学生在已有知识和现实经验的基础上，通过自己的观察、实践、尝试及交流等一系列的实践活动，不断地"数学化"和"再创造"的过程。而学生是处于发展过程中的具有主观能动性的人，作为课堂教学不可分割的一部分，带着自己已有的知识、经验、兴趣、灵感、思考参与到数学活动中，因而，教师应使高职数学课堂教学精彩纷呈。

数学教学应倡导自主探究、合作交流、阅读自学与动手实践的学习氛围，启迪学生心智，开发学生的潜能，培养学生创新精神。同时，在教学活动中，引入数学建模、数学实验、数学探究等学习活动，鼓励学生独立思考、刻苦钻研、勇于质疑、大胆创新，为学生形成积极主动、勇于探索等多样化的学习方式创造条件。

3. 结合专业实践，激发学生的学习热情

高职数学教学应结合学生特点和专业实际，加强课程的实践性，使抽象的数学概念、理论和方法具体化，教学内容要结合所学专业和实际生活中的实例，努力为学生提供使所学的数学知识与已有的经验建立内部联系的实践机会，激发学生的学习热情。例如，经管类专业：在数列教学中，可引入银行存款及贷款利息的计算问题；在导数的教学中，可介绍经济学中的边际分析函数和弹性分析函数等问题；在微分方程的教学中，可结合讲解价格调整问题以及人口预测模型问题等实例。畜牧专业：在线性规划教学中，可介绍饲料配方问题；在矩阵教学中，可引入农业技术方案的综合评价问题。另外，极限的教学中，可引入日常生活中的垃圾处理问题，在定积分应用中，可介绍不规则曲边多边形的面积问题、变速直线运动的路程问题等，激发学生兴趣，提高学生主动探究问题的意识和能力。

（二）改革与高职教育教学不相适应的教学方法

要紧紧围绕高职教育的专业培养目标，以提高学生数学素养为目的，以数学服务于专业为主线，采用课题、模块、实验等方式组织教学，力争达到教学效果的最大化。

1. 大力推进启发式、讨论式教学，提高学生的学习质量和效果

启发式教学是在对传统的注入式教学、深刻批判的背景下产生的，是数学教

学中最基本的方法之一，在教学研究和实践中得到了长足的发展，启发式教学的基本程序是"温故导新，提出问题"—"讨论分析，阅读探究"—"交流比较，总结概况"—"练习巩固，反馈强化"。在实际应用中，要积极实施启发式教学，提高学生学习的积极性和主动性，不断提升数学教学质量和效果。

讨论式教学是在教师的精心准备和指导下，为实现一定的教学目标，通过预先的设计与组织，启发学生就特定问题发表自己见解，以培养学生的独立思考能力和创新精神的一种教学方法。该教学方式的运用不仅要发挥教师的指导作用，而且要兼顾学生的个体差异，引导学生围绕问题展开讨论、分析探究，允许学生发表不同的观点和看法，一些问题可以当堂由教师给出解释，一些问题则可留给学生课后思考完成。

2. 运用问题探究法、案例教学法，提高学生分析解决问题的能力

问题探究法是指在教学过程中师生精心创造条件，由教师给出问题或由学生提出问题，并以问题为主线，通过师生共同探讨与研究，得出结论，从而使学生获得知识、发展能力的一种教学方法。这种教学方法，在教学中按照提出问题—分析问题—解决问题的思路进行，可以在整节课运用，也可以在教学的一个环节上体现，这种方法学生亲身参与，印象深刻，达到了很好的教学效果。

案例教学法是一种以案例为基础的教学方法。案例本质上是一个精心选择的实际问题，没有特定的解决思路与解决方法，而教师在教学中扮演问题设计者和鼓励者的角色，鼓励学生积极参与、认真思考、分析探究，做出自己的判断及评价，并得出结果。这种教学方法，能够实现教学相长，是一种具有研究性、实践性，并能开阔学生思路，提高学生综合素质和分析解决问题能力的有效教学方法。

3. 运用目标教学法、行为导向法，使教学达到"教为不教"的境界

目标教学法是职业教育教学中一种比较常规的教学方法，它突破了传统的教学模式，通过解决实际问题来实现教学目标，提高了学生学习的积极性和主动性，通过目标教学，学生的动手能力、解决实际问题能力得到明显提高。这种教学方法对学习水平差、自控能力弱的学生很有促进作用。它的特点是在教学中确立了理论为实践服务，注重知识的实用性，有的放矢地培养学生，倡导教学过程中师生的双向互动，并以此确保教学目标的实现。

行为导向法是指以一定的教学目标为前提，以学生行为的积极改变为教学的最终目标，通过灵活多样的教学方式和学生自主性的学习实践活动，来塑造学生的多维人格。在教学活动中，适宜采取科学、合理、有效的教学方式和积极主动的学习方法，其教学组织形式可根据学习任务的不同而有所变化。如：项目教学、任务驱动、角色扮演等。

4. 运用情境教学法、模拟教学法，提高教学的针对性和实效性

情境教学法是指在教学过程中，教师有目的地将课程的教学内容安排在一个特定的情境场合之中，以引起学生一定的态度体验，从而帮助学生理解教学内容、学习新知识，并使学生的心理机能得到发展的教学方法。情境教学是在对教学内容进一步提炼与加工后教育影响学生的，都是寓具体的教学内容于一定的情境之中，必然存在着潜移默化的暗示作用。这种方法锻炼了学生的临场应变和分析思维能力。

模拟教学法是在教师的指导下，由学生模拟扮演某一角色或在教师创设的一种背景中，把现实中的情境或问题微缩到课堂，并运用一定的实训设备进行模拟演示或展示的一种教学方法。模拟教学的意义在于创设了一种高度仿真的教学环境，构架起理论与实践相结合的桥梁，能够全面提高学生学习的积极性和主动性。

（三）运用现代信息技术手段提高高等数学教学效果

高职数学教学运用现代信息技术手段，必将有力地促进高等数学教学内容体系的建立，推进高等数学教学方法与手段的改革，甚至在一定程度上可以创新高等数学教学模式。当信息多媒体技术应用到数学教学以后，教学思想、教学组织、教学过程及教学模式必将发生深刻的变革，从而使数学教学方法更加灵活，教学手段更加先进，教学内容更加丰富，教学效果更加显著。由于教学方法的改变，教学方式必将由"教师、教室和教材"三位一体转到人机对话的方式，既可以有效地实现程序化教学，又可以提高学生学习的兴趣和主动性，体现以学生为主体的教育思想。应用现代信息技术，可以使教师摆脱重复劳动，也能很好地实施因材施教原则，我们要不断增强现代教育技术的"交互性"和感染力，积极探索高职高等数学教学的有效方法与手段。

在高职高等数学教学中，要积极引进计算机辅助教学、开展数学实验和数学建模等活动，不断增强现代信息技术的应用能力和水平，加深学生对所学知识的理解和运用。数学实验把数学教学，从教室扩大到信息技术实训室，拓宽了高职数学教学的空间，促进了理实一体化教学的积极开展，激发了学生的学习兴趣，增强了学生学习高等数学的积极性和主动性。数学建模实质上是一种创造性工作，对提高学生的综合能力很有帮助，对学生将来参加工作、解决实际问题具有非常重要的作用。例如，每单元学完后，可根据学生专业实际，编排一些简单的与专业联系的数学建模问题，鼓励学生通过查阅资料、合作探究，利用现代信息技术手段去完成，扩大了学生的知识应用面，提高了学生分析解决问题的能力和创新能力。

第五章　高等数学能力培养

第一节　研究的理论依据

一、认知心理学相关理论

研究高校高等数学的教学，不仅要探索其自身的内部规律，同时也需要了解学生学习的情境，了解学生通过学习，获取应用高等数学知识的规律。这就需要拓宽研究视野，从心理学、教育学等相关学科借鉴，吸取能为我所用的元素，借助相关学科的理论来指导高等数学教学改革。

认知心理学是20世纪50年代末60年代初诞生的以人类认知为研究对象的一门学科。它是在传统心理学的基础上发展起来的，同时又受到现代信息科学和现代语言学的影响。它主要研究认知的内部过程和结构，即人怎样获得和应用知识。它的主要特点是用信息加工的观点来解释人类的认知活动，将人的认知系统与计算机进行类比。它的诞生堪称现代心理学的第二次重大变革，对整个心理学的发展产生了深远的影响。近几十年来，认知心理学获得了迅速发展，现在还在不断发展中。

认知心理学无论是作为一种成熟的理论，还是作为一种方法现已渗透到教学研究和实践的许多方面。21世纪以来，在我国开始用以研究数学教育，探索数学概念的教学和课堂教学中的知识反馈、猜想等。但是，从事这方面理论研究的学者大多是哲学社会科学、心理学方面的专家，且主要应用在指导阅读和初等数学教学等方面。近年来虽然涉及高等数学教育，但也是零零碎碎，不系统，不深入，尚处在启动阶段。我本是学数学的，在进入高校之前，先从事了15年的大学数学教学，深感学习和运用先进的教育思想理论的重要，2006年进入高等数学教学领域后，有机会进入师大攻读在职硕士，我毅然选择了课程和教学论这个专业，对认知心理学产生了浓厚的兴趣，以先进的教育理论指导教学，提高高等数学的教学质量，在"结合"上有所创新，有所突破。

（一）知识的建构

认知心理学的重要结论是，人的知识是通过人本身内部的建构获得的。表明人本身是刺激信息加工和行为活动的积极的主体。知识的建构是信息在人脑中加工处理结果存储和组织的过程。例如，人通过与周围环境相互作用，从实际经验中提取出经验性规则，这些经验性规则具有"条件—行动"的结构形式（产生式规则），更多的相关规则组成规则系统（产生式系统）。这些经验性规则能很容易表现人是如何解决问题的。知识是能够被传播与交流的，但是传播与交流的知识，只有在被接受者内化，即与学习者头脑中已有的知识联系起来，重新建构之后，而得到理解与掌握，并加以运用，也只有在这种情况下，才真正实现了知识的传播与交流。

人的知识不是僵化的，而是随着环境条件的变化而发展变化的。例如，随着科学技术的发展，有的科学概念的内涵会发生相应的变化。如物理学中的质量，在牛顿力学里被视为恒量，而在相对论力学里却是随运动速度变化的变量。这说明，在人的知识的积累过程中，不仅数量在增加，而且所存储在长时记忆中的知识体系也在被重新组织，这就是知识的重构。概念内涵的变化就是知识重构的最好例证。另外，产生式规则，甚至产生式规则系统之间也会分化并进行重新组合。重构过程往往比知识获得的过程更精细或更概括。它是人的创造性思维的产物，是知识发展的必然。一个人知识的建构，既受到环境条件的影响，也受到个人原先所获得的知识的影响。一个人的知识，一般总是在各个具体领域里通过学习而分别获得的。由于每个具体领域知识的获得均处于不同的制约条件下，因而，一般说来，在不同领域里获得的知识差异很大。一个人要获得某个领域的专门知识，就会涉及该领域的概念内涵、概念之间的内在联系、这些概念的发展，以及它们在该领域时间、空间条件下所发生的变化。也就是说，一个人的知识，很大程度上是通过参与这个领域的活动，并以其独特的活动方式逐渐获得的。一个人解决问题能力的高低，最为关键的决定因素并不是他们的一般知识，而是他们具有特定领域的特定知识和经验。科学探索或解决工程实际问题，都是在某种特定领域内进行的，都要运用专门领域的知识和经验。尽管有些知识是某些领域所共有的，并以此为基础进行类比迁移和知识泛化，但是，要获得某个特定领域的特定知识和经验，只有参与了该领域的活动过程，同时也只有在这种情况下，才能把相关的知识整合到自己的认知结构中。

（二）知识的表征

知识在人脑中的存储和呈现方式，称为知识的心理表征。认知心理学是通过构建认知模型来说明个体内部的知识表征的。符号—网络模型就是基于数学和计算机程序的方式，用来模拟和探讨人类知识的组织方式或呈现方式的。它比较明确地显示出人头脑内部知识的每一个成分是怎样以某种联系方式排列和相互作用的。

1. 概念

概念是具有共同属性的一类事物或事件的心理表征，是人思维的基本单位。因为有了概念，才能把物质世界中的客观事物或事件及其内在关系在人脑中组织起来和联系起来。概念在人脑中如何存储和呈现是符号—网络假设的核心。在符号—网络模型中，概念通常是用"节点"来表示的。在两个节点之间通过一条线联结起来。关于节点和连线的基本假设是，人脑中知识的存储、组织或呈现，都是在符号网络节点之间进行的。以连线箭头所指的方向从一个节点到另一个节点的运动，表示人脑一系列的信息加工程序的执行顺序，即表示人的认知过程。

2. 层次语义网络模型

层次语义网络模型是用得最早，也是最著名的一个认知心理学符号加工模型，其研究成果已经被计算机科学运用。

该模型的要点是：（1）每个概念都具有一定的属性和特征，其中有些属性和特征又与另外的属性和特征有联系，有的还能够说明另外一些概念的基本特征。所以该模型认为每个概念都具有从属其上一级概念的特征，这决定了知识表征的层次性。有关概念在上下级层次以及同级水平的组织，通过节点和连线而构成复杂的层次语义网络模型。（2）在该模型中人的知识的组织，是遵循认知经济性原则进行的。概念的共同特征或普遍属性都存储在最高层级的节点上，只有那些能够区别于其他事物的具体特征，才存储在层次低的水平上。（3）概念之间除了具有垂直的上下层级关系外，还有许多横向联系。

（三）知识学习

根据现代认知心理学的观点，人的知识分为两大类：一类是陈述性知识；另一类是程序性知识。

1.陈述性知识学习概念同化

陈述性知识也叫描述性知识。是个体对有关客观环境的事实及其背景与关系的知识，是可以用词语来回答事物是什么、为什么和怎么样的问题。

陈述性知识学习包概念学习和命题学习。下面仅概述概念学习。

学习者获得概念的方式包括概念形成和概念同化两类。同类事物的本质特性由学习者从大量的同类事物的不同例证中发现、分析比较、总结概括出来的，这种获得概念的方式叫概念形成。利用学习者认知结构中原有的相关概念，通过同化、接纳、吸收和合并新的信息，形成新的概念，用定义的方式直接呈现，这种获得概念的方式叫概念同化（或概念掌握）。其主要特点是通过同化，辨别新概念与原有相关概念的异同而掌握新概念，学习者将新概念直接纳入自己认知结构的适当部位。这一过程依赖于两方面的条件：一是内部条件，学习者认知结构中必须有同化新概念的有关信息，即同化点；二是外部条件，给学习者呈现概述的表述应该是清楚的。

概念同化有不同的学习模式，一般归纳为类属学习、总结学习和并列结合学习三种。其中类属学习有比较概括的、特别适合于旧概念与新概念的联结，有较好的效果。类属学习又有派生类属学习和相关类属学习两种形式。派生类属学习是指学习者认知结构中原有的概念是上位概念，所学的新概念只是这个上位概念的一个特征或一个例证，它不能使原有的概念产生本质上的变化。相关类属学习是指所学的新概念是对原有概念（上位概念）的加深、修饰或限定，使概念内涵获得更深刻的意义和更广泛的外延，即本质特性发生改变。相关类属学习非常重要，它表明人的认知不断发展和深化。

2.程序性知识学习

程序性知识包括动作技能和认知技能两个方面的知识，例如打乒乓球、骑车、解数学题、计算机编程等，是回答"做什么，怎么做"的问题。程序性知识的最大特点是，容易用动作或步骤显示出来，所以程序性知识也叫操作性知识，但却不容易清楚地用语言表述它。往往要通过某种具体作业来推测储存在脑中的程序性知识。

程序性知识是按照规则来进行表征的。规则分为产生式规则和产生式系统。产生式规则即"如果—那么"的规则，或称为"条件—行动"规则。规则中的"如果"部分指明规则运用的条件，规则中的"那么"部分说明导致个体的动作。由多个或一系列产生式规则组合才能完成某种技能，这种组合称为产生式系统。

程序性知识学习的心理过程程序性知识学习一般分为三个阶段：第一阶段，认知阶段，像学习陈述性知识那样，学习规则，陈述规则，认知每一步骤，对每一产生式规则有一定的执行意识。第二阶段，转化联结阶段，由在陈述性知识引导下运用规则，逐步转化为不再需要陈述性知识引导，开始使陈述性知识表征转变为程序性知识表征，并联结执行程序性知识各部分的产生式规则，使"条件—行动"系列动作得到加强，能快速、流畅地执行动作。第三阶段，自动化阶段，随着技能的娴熟，对行动有意识控制越来越小，同时更善于识别各种条件和条件之间的差异，使动作变得更加精确与适当。各种技能的程序性知识的学习均具有以上三个阶段，其共同特性是都需要经过练习。

规则学习同样可以用同化论，通过同化，掌握新的规则。有两种最基本的学习形式，即上位学习和下位学习。上位学习也就是从例子到规则的学习，也称发现学习；下位学习也就是从规则到例子的学习，也称接受学习。

（四）问题解决

1.学习知识的目的全在于应用，在于解决问题

问题解决是十分复杂的认知技能。是指经过一系列认知操作完成某种思维任务。它包括起始状态、中间状态和目标状态。这三者统称为问题空间。问题解决也可以理解为在问题空间进行搜索，通过一系列认知操作后使问题由起始状态转变为目标状态。问题解决的具体过程包含了一系列相互联系着的阶段，即发现问题、表征问题、选择策略与方法、实施方案与评价结果。

表征问题也叫分析和理解问题。这是将思维活动引向问题解决的一个重要阶

段。任何问题都包含要求和约束条件两个方面，表征问题归根到底就是要分析问题的要求和约束条件，找出它们的联系和关系，把思维活动引向问题解决。表征问题的方式多种多样，基本的方式有符号、表格、图形和视觉意象等。根据问题的特点选择正确的表征方式，有助于问题解决。

利用事物的相似性，发现解决问题的途径，是问题解决经常使用的一种策略，称为类比策略。它在科学研究和教学活动中用得比较普遍。知识在问题解决中起着重要作用。知识不仅能帮助理解问题，形成正确的问题表征，而且能指导搜索，缩小问题空间。某一领域的专业知识对解决该领域的问题有特别重要的作用。某个方面的专家遇到相关方面的问题之所以解决的速度快，就是因为他具有丰富的相关方面的知识和经验，而且特定领域的专业知识已经在头脑里建立了密切联系，已构成了一个高度抽象与概括的知识网络与动作程序，这个高度抽象与概括的网络与程序，又能够对新的知识与信息进行辨识、推理与评价，并从更高层次进行概括。功能固着和定式也表现了过去经验在问题解决中的作用。一般来说，经验丰富有利于发现问题和解决问题。但如果一个人固于原有的经验，满足于一孔之见，那么经验也可能对解决问题产生不利的影响。

2. 创造力在问题解决中的应用

创造力是指人们用新颖、独特的方式解决问题，并能产生新的、有社会价值的产品的心理表征。创造力总是存在于问题解决的过程中。在创造性问题解决中，人们灵活地应用已有的知识经验，根据问题情景的需要，重新构建或组合这些知识，创造有社会价值的新产品。创造力是问题解决的灵魂。发散思维和聚合思维是创造力的必要的心理成分，发散思维是主要的。此外，一系列的非智力的人格因素（如毅力、自信心、好奇心等）也是创造力的重要心理成分。

3. 影响创造力的心理障碍及克服

心理障碍：先入为主的刻板观念；情绪障碍；文化和环境障碍；智力与表达障碍等。

克服心理障碍的主要方法：养成探究问题的态度；发展发散思维，训练思维的流畅性和灵活性；营造宽松的解决问题的环境；采取行之有效的手段。例如集体讨论法，集思广益，互相交流，互相启发。

二、现代课程论和教学论相关理论

（一）现代课程论的相关理论

从现代课程论的观点看来，课程内容改革是课程改革的核心。课程改革的实质是课程内容的现代化。即课程内容要适应现代社会政治、经济、科技和文化的发展，要适合培养现代社会所需要的人的素质。如何处理好基础知识与现代科学知识之间的关系是课程改革研究的重要课题。基础知识是指学科中那些最具迁移性、适应性、概括性和对了解与掌握一门学科所必需的那些知识。随着科学技术的发展，新的先进的知识进入基础知识结构，使基础知识结构不断同化和顺应新的知识。一方面，新知识可以作为原有基础知识的补充和丰富，直接进入和被同化在原有的基础知识结构中；另一方面，当新知识不能直接被容纳在原有的基础知识结构而发生冲突时，原有的基础知识结构可能被打破而做出适当的调整，以顺应新知识，从而建立起新的基础知识结构。对于那些确实陈旧的部分，或者有选择地逐步淘汰，相应地增加、渗透现代科技成果；或者用现代的观点、现代的精神去诠释传统的内容。

（二）现代教学论的相关理论

1. 关于能力

能力被界定为"人们成功地完成某种活动所必需的个性心理表征"。如观察能力、想象能力、记忆能力、思维能力、表述能力、评价能力、计算能力等。这是一般的。此外，还有某一特殊领域的特殊能力，如艺术创作能力之类。

上面所列各种能力是和知识的获得和应用的认知活动直接联系在一起的，称为认知能力。毅力、意志力、心理调控能力等，也是成功地完成某种活动所必需的个性心理现象，属于非认知方面的因素。本书所述的能力指的是认知能力。

2. 知识和能力的关系

在认知过程中，知识和能力相伴而生，相伴而长，即共生、共长，互相依赖、互相促进。"绝无只有能力而无知识的人，也无只有知识而无任何能力的人，但在同等知识水平上的人，能力大小相距甚远的事实是存在的。能力并不因知识之增长而自然增强；知识与能力的共生、共长在当代社会条件下变得越来越重要；

学校教学把知识传授与能力培养协调起来也就成了重要原则；在积累知识的过程中重视能力培养，会使知识的扩展更为有效；在借助日益增强的能力于知识积累的过程中，能力还会进一步得到增强；当前，能力培养仍是相对薄弱的一环……因而，坚持贯彻知识传授与能力培养相结合的原则，是必要的，也是可能的。"

第二节　学生数学应用能力与高等数学教学的关系

一、学生数学应用能力及其结构分析

（一）学生数学应用能力的含义

学生数学应用能力通常指应用高等数学知识和数学思想解决现实世界中的实际问题的能力。这里的"实际问题"是指人们生活、生产和科研等实际问题。

从认知心理学关于"问题解决"的观点看来，数学应用能力是指在人脑中运用数学知识经过一系列数学认知操作完成某种思维任务的心理表征。问题解决一般包括起始状态、中间状态和目标状态。这三者统称为问题空间。数学应用能力也可以理解为在问题空间进行搜索，通过一系列数学认知操作后使问题由起始状态转变为目标状态的能力。

（二）数学应用能力的结构分析

数学应用能力是一种十分复杂的认知技能，从它的心理表征来分析，基本的数学认知操作包括：数学抽象、逻辑推理和建模。因此，数学应用能力的基本成分是数学抽象能力、逻辑推理能力和数学建模能力。复杂的数学应用能力由它们组成。例如，数学证明能力和数学计算能力就是由一系列逻辑推理组成的。在解决实际问题的过程中，往往需要综合运用各种不同的基本认知操作才能完成。

数学抽象包括数量与数量关系的抽象，图形与图形关系的抽象。数学抽象就是把现实世界与数学相关的东西抽象到数学内部，形成数学的基本概念：研究对象的定义，刻画对象之间关系的术语和运算（或操作，指转换性概念）。这是从感性具体上升到理性的思维过程。

逻辑推理是指从已有的知识推出新结论，从一个命题判断到另一个命题判断的思维过程。包括演绎推理和归纳推理。归纳推理是命题内涵由小到大的推理，是一种从特殊到一般的推理，通过归纳推理得出的结论通常是或然的，即存在不确定性。而演绎推理则是从一般到特殊的推理，即根据一般原理推导出具体实例的结论。借助演绎推理可以验证结论的正确性，但不能使命题的内涵得到扩张。各种命题、定理和运算法则的形成和应用都是通过推理来实现的。

推理必须合乎逻辑，符合规律性。数学内部的推理必须符合数学规则。应用到某一专业领域内的推理，还必须符合该特定专业领域内的规律性。

数学建模用数学的概念、定理和思维方法描述现实世界中的那些规律性的东西。数学模型使数学走出数学的世界，构建了数学与现实世界的桥梁。通俗说，数学模型是用数学的语言表述现实世界的那些数量关系和图形关系。数学模型的出发点不仅是数学，还包括现实世界中的那些将要表述的东西；研究手法需要从数学和现实这两个出发点开始；价值取向也往往不是数学本身，而是对描述学科所起的作用。用数学建模的话说，问题解决也可以简单地表述为建模—解模—验模。

平常所说的数学能力泛指应用数学解决数学以外现实世界中的实际问题和解决数学内部的问题的能力。显然，数学应用能力和数学能力应用范围不同，数学能力包括数学应用能力。二者的基本能力是相同的。

二、数学应用能力与高等数学教学的关系

（一）数学应用能力与数学知识

从上面的分析可知，数学应用能力是和数学知识结构密切相关的。所谓问题空间，实即与问题解决相关的知识网络空间。问题空间中的每一个节点代表一种知识状态，问题解决就是在问题空间中移动节点。即从一个节点移动到另一节点，使问题解决者达到或进入不同的知识状态。移动本身就是一个搜索过程。在问题解决过程中始终存在着认知操作活动，它包括了一系列有目的指向的、缩小问题空间的搜索，及推理判断等思维过程。如果知识结构优化、丰富，则解决问题时，就能迅速地进入问题解决的起始状态，寻找到解决问题的规则，即在知识网络中搜索的距离短，进程快，决策也快，问题解决就容易，效率就高，说明解决问题

的能力强。如果没有数学知识，何以谈数学应用能力？从数学的产生和发展看，数学知识和数学应用能力是同生同长，对立统一的。知识是问题解决的基础，是应用能力的基础。反过来，在问题解决过程中，能力又可使知识结构优化、充实。一方面，将与问题解决相关的专业知识融入进来，引起结构重组；另一方面，那些有用的知识会因反复运用变得更牢固。

（二）数学应用能力与练习

数学应用能力是技能性的，它的培养和提高必须通过练习。

1. 练习使知识程序化

即将陈述性知识转化为程序性知识，前者在执行时依靠意识趋动，想一步才执行一步，比较慢。后者按"条件—操作"形式满足条件就行动。

2. 使规则合理联结

即将一系列相关的有用的产生式规则合理联结或聚合成更大的产生式规则。一系列产生式规则在成功的操作以后会变得更强更稳定，并增加了将来遇到类似情境时再运用该规则的概率，使应用能力得以增强，使相关的有用的知识由短时的记忆转为长时记忆。

3. 执行速度快、准确

如果训练有数，则逻辑推理、执行规则快速、流畅，而且条件和操作更加匹配，更善于识别各种条件和条件之间的差异，使操作变得更加精确、适当；数学抽象、建模能力强，转换快，决策快。这些都意味着问题解决能力的增强。

在解决实际问题的过程中，人们创造性地应用已有的知识经验，灵活地运用各种认知操作，根据问题情景的需要，重新构建或组合这些知识，创造有社会价值的新产品，这就是创新能力。创新能力是应用能力的最高境界。

三、学生数学应用能力培养与高等数学教学的关系

在高校，数学专业以外的学生数学知识的增长和数学应用能力的增强都是通过高等数学的教学来实现的。由此可以得出如下重要结论：在高等数学教学中，为了加强学生数学应用能力的培养，有两个"必须"：一是必须重视知识传授，建构优化、实用的高等数学知识结构，这是应用能力培养的基础；二是必须加强

练习，练习是加强学生数学应用能力的必要途径。这两条是加强学生数学应用能力培养的关键。

在今天高等教育步入大众化阶段的情况下，如绪论所论及的，在地方性普通高校中，特别是有"三本"的院校中，由于学生人数急剧增加，学生中有相当一部分人数学基础差，在高等数学的教学中，忽视能力培养的现象有所加剧，启发性减少了，有的甚至习题课被取消了，严重影响了能力培养功能的发挥。这种靠削弱能力培养加大知识传授力度的做法是违反认知规律的，只会使学生死记、硬背，能力更差，不符合教育的培养目标。因此，如何正确处理好传授知识与培养能力的关系，加强学生数学应用能力的培养，是地方性普通高校高等数学教学改革亟待解决的问题。

讲改革，不是重复过去，停留在原来水平上的改革，必须有时代性。即必须与现代科技发展、数学自身发展相适应。要做到这一点，还必须正确处理好数学知识的继承与现代化的关系问题。

归纳起来，用现代认知心理学和课程论、教学论的基本理论作指导，正确处理好传授知识与培养能力的关系，数学知识的继承与现代化的关系，实行教学内容、教学方法和教学模式的改革，构建精简、优化和实用的高等数学的知识结构，建立完备的稳定的能力培养体系。三条渠道协调配合，促进学生数学知识的增长与数学应用能力的增强协调发展，使学生具有扎实的高等数学基础知识、较宽的知识面和较强的数学应用能力。这就是本书研究的主要内容。

第三节　高等数学培养学生数学应用能力的策略

基于上述分析，从高校高等数学教学实际出发，提出如下在教学中培养学生数学应用能力的策略：探索用新观点，从新角度审视传统的课程内容，寻找突破口，更新陈旧的内容；用新手段、新技术替代传统的落后的教学方式，选好结合点，整合计算机技术和数学建模思想。通过实践取得成功后稳步扩展，以达到精简、优化和丰富教学内容。改革教学方法、教学模式的目的在于：提高教学效益，建立完备的稳定的能力培养体系。点、面结合，集中训练与平时教学相结合，加强学生数学应用能力培养，实现在整个高等数学教学过程中大学生数学知识和能力协调发展。

一、改革与调整课程内容

（一）改革与调整课程内容的基本原则

改革与调整课程内容所遵循的基本原则是：基础性、实践性、科学性和时代性。

1. 基础性是指高等数学中那些最具迁移性、适应性、概括性和对了解与掌握本门课程所必需的那些知识，不管知识怎么"爆炸"，都是最需要的。

2. 实践性即理论联系实际，指那些既来源于实践又用于实践，对解决实际问题有用的知识。

3. 科学性即"类似真理那样的合理性"，符合数学自身发展规律。

4. 时代性是指那些反映当代科学技术发展和数学自身发展的。

（二）探索学生学习高等数学的认知结构，建立新的内容体系

为了找到改革的突破口，我在高等数学的教学中深入了解学生学习高等数学的真实的思维活动，绘制认知结构示意图，并进行分析，终于有所发现。如一元函数微分概念的教学。选泰勒公式为同化点，引导学生在导数概念的基础上，通过概念同化，获得微分概念。这样做，不但大大精减了相关教材内容，减少了认知负荷，节省了教学时间，所花的教学时间几乎只有原来的 $\frac{1}{3}$。而且类属清晰，教学顺畅，学生容易接受。有助于培养学生积极地思维，自觉、主动地学习。循此继进，揭示微分与定积分、不定积分的关系，促使认知结构重新整合，按层次结构进行重组与建构。在微分的基础上讲述定积分和不定积分，将它们合并为一章，接着讨论微分方程。建立了一元函数微积分的新的教学内容体系。多元函数的微积分部分，同样以全微分为突破口，分析多元函数基本概念、定理、公式之间的关系，改革与调整教学内容，建立新的体系。调整后的内容相对传统的教学内容，不但精简了，概念、定理、公式之间的关系更为顺畅、更加高效了，而且

更开放了，更易于接收新的知识。

从分析一元函数微分学的认知活动可知，学生在学习中遇到最难最烦琐的问题是近似计算。在实际中，特别是工程实际中，所遇到的大量问题几乎都只能作近似处理，或者是简化复杂的计算公式，或者是简化计算。现代计算技术的快速发展给我们提供了强大的计算工具，使近似计算，即使是复杂的近似计算也能够实现，所以近似计算在处理实际问题中是非常重要的。可以看出，根据微分中值定理进行近似计算是高等数学教学与现代计算技术的一个很好的结合点，实际中相关的近似计算几乎都是用计算机处理的，有强大的计算机软件，如 MATLAB 等，所以在进行这一部分教学时，能较好地与计算机技术结合，用计算机求解，替代冗长的计算，既学习了新技术，又提高了学生学习数学的兴趣，增强学生用计算机解决实际问题的意识和能力，会有越来越多的学生自觉地用计算机处理数学问题。

（三）与专业知识结合，形成结合型认知结构

高等学校每个专业都是培养相关专业领域内的专门人才的。认知心理学家认为，专家之所以能够迅速、准确地解决实际问题，是由于他们在不断的学习和实践中存储了大量相关专业领域内的知识经验。这些知识经验已经在头脑中建立了联系，构成了一个高度抽象与概括的按层次性结构组织起来的知识网络与动作程序，这个知识网络与动作程序又能够对新的知识和信息进行辨识、推理与评价，并从更高层次进行概括，面临实际问题时，快而准地抓住问题的实质，找到解决问题的规则。如同电脑已建立了某个函数库，要进行相关方面的计算，就只要输入规定的程序，很快就可以得出结果一样。可见，要实现培养目标，使学生具有应用高等数学解决与专业相关的实际问题的能力，就要求学生在校学习的时候，将高等数学与相关专业学习有机结合，逐步建构结合型认知结构。这个结合型认知结构就好像电脑里的函数库一样。就物理专业来说，即要求建立数理结合的认知结构。

物理学是一门严谨的定量的科学。物理学中的理论与实验的相互作用是基于数量的测量与抽象、推理的。一方面，通过科学实验和生产实践总结出来的知识经验需要用严谨而简洁的数学语言、形式表述出来，使我们能迅速而清晰地表达

复杂的物理概念，简单而明确地表述复杂的物理量之间的规律性联系，即形成物理规律。物理概念和物理规律构成物理学的基本理论。另一方面，通过数学运算、推理，从已建立的物理理论体系得出结论，再通过实验和实践得到验证。不仅如此，在物理学的发展过程中，特别是近代，数理结合常为新的见解、新的理论假设指出途径，做出预言，推动物理学不断创新、不断发展。可见，数学是物理学的基础和学习物理学必备的基本工具。高等数学教学，对物理专业来说，应联系物理学习，帮助学生理解、表述和掌握物理理论，建构数理结合的认知结构，以应对实际，不断解决物理实际问题。当然，不是说靠四年的学习建构起来的认知结构就很完美，还得靠日后长时期的学习和实践，不断充实、更新和优化。

不同的相关专业有不同的专业特点、不同的专业知识，因此，对于不同专业，结合型认知结构是有差异的。为提高学生解决实际问题的能力，应根据专业实际，在高等数学教学中增补相关专业的背景资料和应用实例，促进结合型认知结构的形成。

（四）介绍数学建模思想，增强建模意识和能力

"数学模型是用数学概念、原理和思维方法描述现实世界中那些规律性的东西。数学模型使数学走出数学的世界，构建了数学与现实世界的桥梁。""数学模型的出发点不仅是数学，还包括现实世界中的那些将要讲述的东西。"在需要从定量的角度研究和解决现实世界中的实际问题时，特别是工程实际问题时，往往需要对现实世界中的那个问题作调查研究，详细获取和分析对象的信息，经过去粗取精，由表及里，从感性上升到理性，做出简化假设，提出实体模型（物理模型或经济模型等）；分析变量之间的关系，根据相关规律（数学的、其他相关学科的）建立数学表达式，一般是数学方程；而后求解数学表达式，得出结果，进行实验，接受检验。这个全过程称为数学建模，这是一个复杂的思维过程。从调查研究到实体模型的建立，主要是抽象思维；从实体模型到数学表达式的建立，主要是逻辑推理。其中描述现实世界中那个实际问题的数学表达式，称为该实际问题的数学模型。它的建立是关键性的，是实际问题数学化的具体表现。像上面所述的用数学表述物理世界中那些规律性的东西实质就是数学建模。广义地说，平常所说的解应用题，实质上也包含数学建模的元素，只不过已经过许多人的加

工处理，问题已经简化。可见，数学建模是用数学解决实际问题常用的一种很好的思想方法。在高等数学的课程内容中，介绍数学建模；适当增加有关的应用题材；进行集中综合训练；在课堂教学和习题课中，渗透数学建模思想，以提高学生应用数学建模的意识和能力。

二、教学方法改革策略

（一）营造良好的教学情境

开好头至关重要，高等数学尤其如此。因为关系全局性的基本概念，如极限、导数及相关基本定理等都是在开头讲述的。"万事开头难"，对地方性学院来说，开头更难。因为这些学院的新生刚入校时除了因为对教学模式、授课方法、教学内容不适应而感到困难外，还因为原来的数学基础就差，高考失分最多的就是数学，加之进校后听高年级的老生说，高数是最抽象最难学的课程，所以对高数产生恐惧感，缺乏信心，有的甚至存有"放弃"的想法。情绪对认知起着定向、选择、调整和启动作用。所以，在学生开始学习高等数学的时候，从情感切入，建立和谐的师生关系，营造良好的教学情境，克服厌学、恐学等严重影响教学效果的心理障碍是至关重要的。

教学本质是教人，要教好学生，首先要热爱学生。教师对学生的爱是教和学和谐统一的感情基础。没有爱，就没有教育。近几年的实践使我们深刻认识到，这个时候，学生最需要的是关爱。教师主动热情地接近学生，贴近学生，了解学生，分析学生的思想状况，针对学生的思想实际，教育和感动学生，效果会比较好。课堂教学是教师和学生沟通的主渠道，不只是知识的传递，而且是感情的交流和转换。教师热诚地工作、深入浅出地讲解、耐心细致地解答疑难，学生感受到教师的关切，感受到爱的温暖，透过教师信任的目光和鼓励的话语，感受到教师的信心和期盼，感受到学习的责任和成功的希望。教师和学生的关系日趋贴近，情感日益加深。学生心理上的障碍就会逐渐消失，学习的信心和克服困难的勇气就会日益增强，学习的积极性和主动性就会逐步提高。"知识是通过认知主体的积极建构而获得的。"传授和接收知识的渠道畅通了，学生大脑内部的信息加工处理程序被激励起来了，积极建构，提高教学效果就有了希望。学生的进步反过来激励教师更加辛勤地工作，教学上更加精益求精，师生感情交融，教和学互相加强、和谐统一，这才是教师莫大的成功！

（二）改革基本理论的教学

1. 激励学习兴趣

学习兴趣是自觉的内在的激励学习的动力，是较高的学习境界。只有达到了喜欢学，喜欢练，摄取知识和能力培养才会变得自觉主动，积极思维，才能坚持下去。可以说，没有兴趣，就没有高效的成功的学习。

如何培养学生学习高等数学的兴趣？理论课教学是个大头，而且最容易使学生枯燥无味，抽象难学，所以改革理论课教学非常重要，归纳如下：

（1）在教学内容的选取、起点的确定、教学方式和教学程序的设计上贯彻深入浅出的基本原则。如果讲授从抽象到抽象，过于深奥，学生无法理解，只会加深学生对高等数学的恐惧感，丧失学习信心，降低学习兴趣。

所谓深入，就是要深刻阐述数学基本概念、基本定理和基本公式的意义、内在联系、严密的逻辑关系，使学生达到深刻理解，获得清晰的概念，掌握基本的理论和方法，能进行准确的运算，合乎逻辑的推理。这里既包括教得深入，也包括学得深入。当然不是每堂课对所有问题都能深入，都需要深入，只能重点深入。浅出，是指对抽象的概念、深邃的理论和烦琐的推证，能利用相对浅显的内容为起点，采取通俗易懂的方法，使学生理解掌握。这既是一个从学生实际出发寻求适当的知识起点的问题，也是一个用什么方法按什么步骤步步引向深入的问题。深入的要求是基本的。只有深入，学生才能消化吸收所学的知识，才能举一反三，触类旁通，产生兴趣。如果只是肤浅的讲述和理解，而没有进一步的深入，只能使学生产生短暂的兴趣。有效的浅出与应有的深入相配合，才可能形成相对持久的兴趣。理解的深入与兴趣的加深相伴而行。

（2）根据教学内容和认知规律，精心设计教学方案，运用多变的教学方式进行教学，营造宽松的教学环境。课堂教学不能从一而终，不能对教材的不同性质、学生的不同变化而始终采用单一的教学方式。那样太单调、太枯燥。对每堂课的教学内容，教师要清楚教学内容的性质、内在联系、相关知识、难易程度、重点难点等。对于不同性质的教学内容，宜选用不同的教学方法，包括讲述、讨论、问题探索、类比、多媒体演示等。按照由具体到抽象，由已知到未知，由易到难组织教学。千方百计化解难点，抓住关键重点突破，启迪思路重理性，简化冗长推导和计算。要关注学生情绪的变化，有紧有松。教学语言简明、亲切、富有启发性。不要个个问题讲得很细，面面俱到。要注意安接口、留缺口，使学生有余音未尽的感觉，课后乐意去查资料、去思考、去发现、去拓展。这样，课堂教学就有点艺术品位了，学生会把上课看作一种艺术享受。

2. 加强启发性

现代认知心理学认为，人的知识是通过人本身内部的建构获得的。传播与交流的知识，只有在被接受者内化，即与学习者头脑中已有的知识联系起来，重新建构之后，而得到理解与掌握，并加以运用。教材、教师的讲述内容是外部知识，文字符号、语言信息只有通过学生本人内部的认知活动，重新建构之后，才能理解和运用。高等数学基本理论的教学包括基本概念、基本定理、公式、法则的教学。概念的形成、定理的证明、公式的推导和法则的导出都必须经过学生本人积极的思维活动。与已有的知识联系起来，经过抽象、推理，建立起新的关系，重新建构自己头脑中的认知结构。这是基本理论教学最关键的地方。教师的主导作用就在于加强启发性，引导学生自己努力完成这一认知活动。如何引导？

（1）用问题引导。如果是陈述性的基本概念，则用"共同的本质属性是什么？为什么？""与哪些概念有联系？是什么关系？"引导学生分析比较，辨别异同。抽象出共同的本质特性，理解与把握概念。如果是定理、公式、法则，则用"条件是什么？目的是什么？依据是什么？如何操作？"引导学生从已知条件出发，进行逻辑推理，得到结果。这既是获取知识的过程，也是运用和提高能力的过程。

（2）用结构引导。认知心理学通过构建认知模型来说明个体内部的知识组织或呈现的方式。它比较明确地显示出人头脑内部知识的每一个成分是怎样以某种联系方式排列和相互作用的。适时地向学生揭示所学知识的结构，有助于教师引导学生去发现相联、相似、相近……

从而增强迁移能力、联想能力、推理能力；有助于学生通过主动学习，积极思维，接收、内化，不断扩展自己的知识，改善自己的认知结构，提高从整体上把握和运用知识的能力。就拿微积分的教学来说，它研究的对象是变量与变量的关系及其规律性，基本思想方法是：无限分小，取极限。在无限分小的情况下，变趋向不变，变速趋向匀速，不均匀趋向均匀，因而使变量问题简单化，精确化。所以极限运算是微积分的运算基础。在无限分小的情况下，变量增量之比（即变化率）的极限就是导数，变量增量就是微分，变量增量求和的极限就是定积分。"无限分小，取极限"是微积分的基本思想方法，是贯穿整个微积分的主线，极限、导数、积分是微积分学关系全局性的基本概念，相关的计算法则是微积分学的基本运算。微分中值定理是沟通无限分小到实际应用的桥梁。这一切都可以用微积分学的认知结构表现出来。

3.加强应用性

教学中，不仅讲解知识，还尽可能讲解知识的背景；不仅讲发现，而且讲如何发现的。鉴于现行的高等数学教材习题中大多数是计算题，应用题很少，所以必须进行调整，适当减少练习技巧的计算题，增补联系实际，特别是联系专业实际和当前经济发展的实际的应用题。

（三）引导学生按现代方式学习

在高等数学教学中，应尽可能符合学生的认知规律，促进学生主动地按照现代方式学习，积极思维，建构良好的认知结构。

现代学习方式有多种，在高等数学的学习中，比较合适的是奥苏伯尔（D.P.Ausubel）的同化理论。引导学生从已有的知识结构中找到对新学习的知识起固定作用的观念，即寻找一个同化点。然后根据新知识与同化它的原有观念之间的类属关系，将新知识纳入认知结构的合适位置上去，与原有观念建立相应的联系。接着，还必须对新知识与原有知识进行精细的分析，辨别新概念与原有相关概念的异同。最后，要在新知识与其他相应的知识之间建立联系，构成新的知识结构。这样，对新知识的理解才能达到融会贯通，才有利于记忆和运用。学生原有的认知结构也会不断因新知识的纳入和不断分化、重建而更加完整和丰富。

三、教学模式改革策略

（一）改革单一的教学模式

改革单一的课堂教学模式。将习题课分出来，单独开设。同时，新开数学实验课，进行计算机技术和数学建模技能训练。习题课、实验课统称实践课，开设的目的主要是加强能力训练，提高学生数学应用能力。这样，高等数学的教学就由原来单一的理论课教学模式分成理论课、习题课和实验课这三种形式，通过这三种形式的教学对学生进行知识传授和能力训练，促使知识、能力协调发展。

（二）合理分配、安排时间

高等数学毕竟是学生学习的基础课，而且是进入高校最早开的一门课程，在学习方式、思想方法等诸多方面不适应，所以，在时间的分配上、具体安排上要从实际出发，尽量合理。譬如，实验课宜安排后一点，次数不能太多，数学建模集中训练一学期一次。计算机技能训练，主要在如何使用软件进行近似计算、数值积分、符号微积分、积分变换、函数作图等，因为单独开设了计算机课，所以次数也不能太多，视理论课教学需要和进度而定。我们的经验是：总体上理论课与实践课之比是 $3:1$。

（三）精心准备、指导

实践证明，不开习题课，不行；开了习题课，由老师统一在黑板上讲题，效果也不好。一定要求学生自己动脑、动手，自己解题。学数学不解题等于没学。

如何提高习题课的效率？一靠精心选题；二靠精心指导。

指导学生练习是必要的，特别是在开始阶段，学生解题是比较困难的，需要老师精心指导。（1）指导学生如何表征问题。表征问题也叫分析和理解问题。这是将思维活动引向问题解决的一个重要阶段。任何问题都包含条件和要求的答案或结论两个方面，表征问题归根到底就是要分析问题的条件和要求的答案，找出它们的联系和关系，把思维活动引向问题解决。从问题条件到答案一般有段距离，中间要经过几步，才能得到答案。每一步有个要实现的目标，称为子目标，经过一系列子目标，也就是解决一系列小问题，最终达到问题解决。（2）启发学生如何选择解题的方法和步骤。从问题条件到答案，选择什么方法、什么途径，这是问题解决的策略问题。在数学应用题的解题中，最常用的策略是启发式。它是指学习者根据自己已有的知识经验，在问题空间中进行搜索来解决问题的策略，它要以与问题相关领域特定知识为前提，即学习者头脑中已建构结合型认知结构。启发式策略有两种方式：一种是手段——目标分析策略。从已知的条件到最终目标，利用定理、公式（可以是数学的，也可以是物理的……）逐步实现子目标，一步一步地前进，直到最终求出答案。另一种是逆向搜索策略。这种策略，思考问题时，是从最终目标开始往回搜索，直到找到通往已知条件的途径和方法。具体计算时，再反过来。（3）营造良好的学习环境。关心爱护每一个学生，激励学生树立克服困难的自信心。每当做新的练习的时候，开始总有一定难度的。每前进一步，都要付出很大努力。而且不可能每次都是成功的，就是失败了，也要鼓励和耐心引导学生探索新的方法，重新开始，鼓励学生创新思维，一题多解。遇到许多学生不会做的难题时，有效地组织集体讨论，集思广益。学生大脑中新的产生式规则在成功地运用以后会变得更强更稳定，并又增加了将来遇到类似的情境时再运用该规则的概率，使解决问题的能力得以增强，解决问题的速度和准确度不断提高。解疑难问题是绝对没有别的办法可以替代的，正是通过解题，使学生得到由于对数学规则的真正理解和运用而带来的那种喜悦和入迷，体验"用数学"的乐趣，养成自觉解题、探究问题的好品格。

就这样，通过数学基本理论的教学和不断练习，不断为学生的结合型认知结构"添砖加瓦"，强化稳定；不断培养提高数学应用能力，助推专业学习。

计算机技术和数学建模技能训练，更需要教师精心准备和指导。题材的选择、资料的搜集、调究、教学方案的设计，需要那些预备知识、实验室的准备等，都要提前准备好，提前布置。然后，按方案组织实施，精心指导。最后，总结，评定。

第六章 高等数学教学中创造性思维的培养

第一节 培养创造性思维能力的重要性

一、培养学生创造性思维是时代发展的需要

"十年树木，百年树人"，教育的根本目的在于增强学生的能力，使学生成为人才。未来的社会是信息化的社会，高科技的社会，是政治、经济、军事方面全方位竞争的社会，这样的社会需要的人才"远不只是具有文化知识和俯首帖耳的劳动者"(《亚洲经济危机对教育提出的挑战》,《参考消息》1998 年 8 月 18 日)而是具备创造性思维的创造型人才。创造性思维的培养是一种终身教育人才的新发现、新发明和新成果，对一个国家的经济、军事和社会发展来说都具有重要意义。美国心理学家和教育家泰勒提出，创造活动不但对科技进步，而且对国家乃至全世界都有着重要的影响，哪个国家能最大限度地发现、发展、鼓励人民的潜在创造性，哪个国家在世界上就处于十分重要的地位，就可立于不败之地。在当前激烈的国际竞争中，各国都把培养创造性人才当作具有深远意义的战略措施予以高度重视。

美国非常重视培养创造性人才，1957 年苏联卫星上天，使美国意识到其霸主地位受到威胁，为了奋起直追，快速培养能与苏联在宇航及科技方面竞争的人才，美国开始重视创造性思维的培养，在学校和家庭大力开展对创造性问题的研究，培养创造性的人才，1986 年成立的"全美科学教育理事会"于 1989 年发表了题为《美国人应有的科学素养》的报告，该报告的主要内容是：强调科学技术是今后人类生活变化的中心；着眼国民素质，实行全面改革；突出"技术教育"，改革教育课程等。这是一份培养和造就高素质的创造性人才的宣言。

日本 20 世纪 80 年代初提出要重视创造性的研究，并把从小培养学生的创造性作为日本的教育国策而确定下来。从 80 年代中期开始酝酿的教育改革将重视个性，实现适应国际化、信息化等时代变化，作为教育的基本原则。日本将每年的 4 月 18 日定位"发明节"。此外，英、法、德、西班牙、加拿大、波兰、匈牙利、保加利亚等国家也十分重视创造性思维的培养。当今时代，是知识经济的时代，知识经济就必然要求人们的思维具有创造性和创新性。

当今世界，是人才的竞争，是科学技术的竞争，唯有大力培养高素质的、具有创新能力的人才，才能使我们这个拥有五千年文明，拥有四大发明，拥有张衡、祖冲之、毕昇、李时珍等著名科学家的中华民族屹立于世界民族之林。2023 年 3 月 6 日习近平总书记看望参加全国政协十四届一次会议的民建、工商联界委员并参加联组会时的讲话指出：有能力、有条件的民营企业要加强自主创新，在推进科技自立自强和科技成果转化中发挥更大作用。（来源：新华网。发布时间：2023 年 3 月 7 日）教育在培养民族创新精神和培养创造性人才方面，肩负着特殊的使命。培养学生创造性思维已经成为时代发展的要求。

二、培养创造性人才是教育改革的方向和要求

先进的教育应该满足这样的矛盾要求：一方面教育要有效地传授给学生越来越多的、与新技术发展水平相适应的新知识、新技能，这是造就未来人才的基础；另一方面教育又要使学生具有发散性思维和创造性思维，具有判断力，以免被瞬息万变的信息海洋淹没。创造性作为民族自主之本、作为人类最有活力的行为、作为科学研究的第一要义和生命线，对于整个社会的发展和科学进步，起到了灵魂的作用。因此，培养有个性，有创造力的人才已成为新世纪教育改革的标志。发达国家一直重视创新教育，创新教育已成为世界各国教育改革的共同趋向。我们的社会也将由重学历转为重能力，以后的社会最需要的不是分数而是能力，最珍贵的不是学历而是创造力。学校如何改革人才培养模式，深化教育教学改革，使培养出来的人具有高素质、富有创造力，能适应知识经济发展的需要，这是摆在教育面前的一件大事。

僵化的教育模式是不可能培育出新型人才的。在中国，应试教育已经存在了

很长时间，并且在很大程度上扼杀了学生的创造力和创新精神。自诺贝尔奖创建以来，中国学者并不是没有人获得过这一殊荣，从 1989—2023 年间，2012 年，中国科学家屠呦呦因在疟疾研究方面的杰出贡献获得了诺贝尔医学奖。此外，还有许多中国学者在其他领域获得了诺贝尔奖，现在观察了众多国际比赛后，我们可以发现，中国学生在数、理、化等科目中表现出色，尤其在死记硬背的题目上能够脱颖而出，取得高分。这在一定程度上反映了他们扎实的基础知识和技能掌握。然而，在需要独立思考、创新思维和批判性思考的题目上，他们的表现可能并不突出。这一点引起了许多教育工作者的关注和深思。十多年来，我国参加世界大学生各学科竞赛，获得金牌数以绝对优势超过世界各个科技强国。这虽然说明我国大学生基础知识扎实，但光打基础，不建高楼，这样的基础又有什么用呢？

我们目前的基础教育系统缺陷之一，就是课堂和测验只重视分析性思维一种形式，而在培养创造性思维和实用性思维能力方面却很弱，实际上，这三种思维模式同样重要，没有哪一个能够替代其他两种。我国的教育很长时间以来仍坚守着"传道授业解惑"的传统，老师在讲台上唱着独角戏，学生被迫接受现成知识，没有思考，没有质疑，没有敏锐的观察力，没有发现问题的能力，更谈不上研究和解决问题了。物理学家杨振宁曾说："中国教育方法是一步步地教，一步步地学……这对于他进大学、考试有帮助，但这种教法主要缺陷是学生只宜于考试，不宜于做研究工作……传统的学习方法是被人家指出来的路你去走；新的学习方法是自己去找路。"

这就是说，在教学中绝不能只满足于知识的传授，还要让学生像数学家那样去"想数学"，"经历"一遍发现、创新的过程，让他们在解决问题中学习创造性思维。"问渠那得清如许，为有源头活水来。"让学生头脑清醒的活水，就是培养创造性思维的新型教育。

我国近几年提出的素质教育立足于培养学生个性，发展学生创造性思维。把培养创造性人才作为教育的首要任务。国务院批转教育部《面向 21 世纪教育振兴行动计划》中把"实施跨世纪素质教育工程，整体推进素质教育，全面提高国民素质和民族创新能力"作为基础教育振兴的奋斗目标。进行素质教育的目的是全面提高人的素质，为社会培养高素质的人才。高素质的人才不是简单地重复别人的想法和做法，而是在原有的基础上有所创新和突破，只有这样的人才，才能符合时代的要求，才能推动社会的不断进步和发展。所以说素质教育的本质特征是培养具有健康、丰富个性的创造性人才，进一步说明培养学生创造性思维是素质教育的核心内容。

近几年来，随着我国科技发展和人才培养的需要，越来越多的人认识到创造性教育的重要性，从而努力地钻研创造性教育理论与进行教学实践，鼓励学生勇于探索，大胆创新，把由教知识、教方法、教技能的"教书"，转化为培养具有创新精神的"育人"。这种新型教育将成为新型人才的摇篮，陶行知曾说："教育不能创造什么，但他能启发解放大学生创造力以从事于创造之工作。"树立全民族的创新意识，建立国家创新体系，培养更多的创新人才，这个重任落在了教育和教师的身上。培养学生的创造性思维成为教育改革的重中之重。

三、培养创造性思维是造就创新人才的必由之路

（一）培养适应社会的个性化人才

不同历史条件和文化背景下，教育培养的人才规格标准都有不同的目标指向，但现代化的人才观一般都指向两个方面：要培养适应社会并促进社会发展的人才；要培养个性化的人才。各种人才应具备的共同素质是：有个性、有创造力、有开拓精神。我们说，要造就这样的人才离不开创造性思维的培养。

1. 培养学生的创造性思维可以全面发展学生智慧品质

创造性思维是人的多种智慧品质共同作用的结果。以往我们只重视培养学生的观察能力、记忆能力、分析归纳能力、准确再现书本的能力，事实上，创造性思维需要发散思维、复合思维、抽象思维、形象思维等的共同参与，此外，它也离不开丰富的想象力。所以说，培养学生的创造性思维可以全面发展学生智慧品质，为造就新型人才奠定坚实的基础。有了敏锐的观察力，有了记忆中贮存的扎实的基础，有了丰富的想象力，有了……就等于埋下了一颗健康的种子，有一天会长成参天大树。

2. 培养创造性思维能够发展学生的个性品质

新型人才应具备独立的人格意识以及独特的个性特长。

第一，只有具备独立的人格才不会墨守成规，迷信权威，人云亦云；只有具备独立的人格才敢于探索真理发表自己的见地，也只有具备独立的人格意识，才能像布鲁诺那样，不屈从于权势而歪曲真理。

第二，独特的个性和特长具有创造作用。著名特级教师陈钟梁说过："创新的土壤是个性，没有个性就没有创新。"

纵观古今中外，几乎所有惊天动地的伟人都是具有个性的人。因此，要培养新型人才必须重视个性教育，发展个性已成为现代教育的一个标志。而培养学生创造性思维恰恰要求尊重学生个性，发展个性。在教学实践中，有许多孩子喜欢异想天开，他们做事古怪，标新立异，事实上，这种独特的行为往往是创造性的表现。如果能正确引导，让学生独立思维，冲破"共性"，不受专家、教师、标准答案的束缚，有自己的见解，或自己去探索，才能燃起创造的火苗。如果个性被压抑、被扭曲，创造性会被扼杀。世界上没有完全相同的两片树叶，学生也一样。每个学生都是独一无二的个体，兴趣爱好各不相同，每个学生在某一领域里都是天才，培养学生创造性思维正是要承认学生在智力、社会背景、情感和生理等方面的差异，根据实际情况去教育，使之发展。我们的教育不是选择适合教育的学生，而是创造适合每个学生的教育。课堂上，要培养学生独立思考，敢于另辟蹊径的精神，创造思维的火花往往产生于思维的碰撞，对一个观点，一次实验，一篇课文，一个设计，不仅要求学生顺着教师的思路，还要引导学生的求异思维，容忍学生有不同意见，甚至错误的观点，关注那些爱幻想、爱标新立异、有独特见解的学生，使他们敢想敢说，勇于创新。说到底，创造性思维的培养是尊重个性、发展个性的教育。

第三，培养学生创造性思维能够发扬学生的主体精神。在传统的教育中，学生被动学习，死记硬背，缺乏学习兴趣，只是被迫地理解、识记一个个知识点。这样的教育培养出来的人缺少创意，易死守教条、墨守成规，无法适应未来的时代。而培养创造性思维，教师的观念和教育行为必将发生变化：

（1）教师会尽一切可能制造情境和各种机会激发学生的求知欲以及好奇心。

（2）学生将成为课堂的主人，由被动的接受改为主动自觉的思考，教师的任务仅是"领进门"而已。提问之后，让学生自己去研究。在研究问题的时候，学生产生了分歧，鼓励学生说出自己的看法，大家共同探讨。这样一来，学习自主权完全交给了学生。比起传统的"教师滔滔讲说，学生默默聆听"的模式，更重视学生的主体地位。

（3）教师不仅要授之以"鱼"，更要授之以"渔"。课堂教学不仅重结果，更重过程。教师的作用不仅仅是"传道、授业、解惑"，他的最大贡献在于教会学生怎么学，达到最终学生能摆脱教师的教而完全独立地学。

（4）教师将更注重学生的个性发展，鼓励学生有创意的表达，有独到的见解，敢于提出自己的看法，做出自己的判断；鼓励用适合自己的方法和策略学习，教学参考书也不再强调标准答案，"言之成理即可"的字眼将经常出现，鼓励学生有探究精神，敢于冒险，无所畏惧地面对失败和挫折。在这样的氛围中才能培养学生的主体精神，使他们有朝一日成为有主人翁意识的开拓进取的人才。

第四，创造性思维的培养是一种终身教育。俗话说"活到老，学到老"，杰出的人才应该是谦虚的，能正确认识自己、能不断补充新知的人。现代社会变化的速度越来越快，人类要跟上时代的速度就必须不断地调整自己，只有不断地调整自己，才可能跟上时代的步伐而不致落伍。所以不断的终身性学习成为一种必需。而创造性思维是一个长期学习和训练的结果，不可能通过一个阶段的学习就形成，它需要终身培养，从这个意义上说，创造性思维的培养是一种终身教育。他使得每一个人才不断的学习和进取提高自己的创新素质。

四、数学是培养学生创造性思维的重要学科

数学是人类文化的重要组成部分，是一切科学的工具。数学学科的特点是形式抽象、逻辑严密和概括高度，全部数学习题知识又都是从未知到已知，以已知求未知，这都非常有利于培养学生思维的逻辑性、准确性和创造性。所以数学也被称为思维的体操。由于它本身所具有的高度的抽象性、逻辑的严密性、应用的广泛性等特点，决定了它在培养学生创造性思维中的特殊地位，数学教育培养学生的创造性思维是其他学科无法代替的。苏联著名物理学家卡皮查指出，培养学生创造性思维能力最合适的学科是数学和物理。

数学的思维过程，最能体现一个人创造精神和克服困难的坚强意志。数学语

言具有准确、抽象、简练和符号化等特点。它的准确性可以培养学生诚实正直的品格，它的抽象性有利于学生揭示事物本质的能力的培养，它的简练和符号化特点可以帮助学生更好地概括事物的规律，也有利于思维。一个公式、一个图形胜过无数说明，符号公式的和谐与简洁美，有利于学生记忆、有利于学生分析问题、有利于计算和逻辑论证。

数学，"思维的体操"，理应成为学生创造性思维能力培养的最前沿学科。因此，数学教学中培养学生的创造性思维能力，既是时代发展需要，也是数学教学内部规律性的体现，并且也是数学学科的优势之一，理应成为广大数学教师的自觉行动。

第二节　创造性思维的内涵与特点

一、创造性思维的内涵与特点

（一）创造性思维的内涵

关于创造性思维的内涵有很多论述，下面介绍几种：

1. 创造新观点、新理论，作用于人，进而创造实物形态的心智活动

有的学者认为：所谓创造性思维，就是能创造具有"关节点"性质的新的确定性的思维活动。即这种思维不仅能揭示事物的本质，而且能在此基础上提供新颖的前所未有的具有社会价值的观念形态，也就是在所有的客观实际的基础上，进行创新性想象推理、再创造，形成前所未有的理论形态或物化形态，也可理解为解决前人未解决的问题。包括：新的政策的制定，如"改革开放,一国两制"等；新的理论观点的形成，如"社会主义也需要市场经济、贫穷不是社会主义"等，新产品的设计，工艺的改革，技术革新与发明；科学中的新发现和新创意；文学艺术作品的创作等，都属于不同实践领域中的创造性思维活动。

2. 创造性思维是大脑皮层区域不断地恢复联系和形成联系的过程

它是以感知、记忆、思考、联想、理解等能力为基础，以综合性、探索性和求新性为特征的心智活动。通俗地说，创造性思维乃是多种思维形式（包括种类

和类型），特别是形象思维与辩证思维的高度结合的结果。

3. 创造性思维是人类智慧文明的结晶

创造性思维与它的结果，即发现、发明或创造，是人类智慧的花朵和文明的结晶。所谓创造，一般是指发现新事物、揭示新规律、获得新成果、建立新方法、发明新技术、研制新产品、做出新成绩和解决新问题等。因此，创造所涉及的范围（或外延）是非常广泛的，包括科学发现、技术发明、艺术创造和其他物质或文化方面的创新。从这种意义上讲，创造性思维就是"创新过程中的思维活动"，即只要思维的结果具有创新性质，则它的思维（过程）就是创造性思维。

总之，创造性思维，是指带有创见的思维。通过这一思维，不仅能揭露客观事物的本质的、内在的联系，而且在此基础上能产生出新颖、独特的东西。更具体地说是指学生在学习过程中，善于独立思索和分析，不因循守旧，能主动探索、积极创新的思维因素。

"从心理学的观点看来，科学家和一个小学生的创造性思维之间并没有原则的差别。"创造性思维并不仅仅是少数天才人物的天赋独有，每个心智健全的人都有创造性思维，但是却不是所有的人都能够运用它。由于受到保守观念的束缚，这种思维没有得到充分发挥，只要有意深度开发和训练，潜藏在人们心智中的创造性思维都会得到培养。

（二）创造性思维的特点

创造性思维不仅具有思维的共性，而且具有如下的特点：

1. 独创性

创造性思维不受传统习惯和先例的禁锢，超出常规。所要解决的问题，没有现成答案，它必须突破常规的传统的模式。它要求深度开发新观念，力求产生具有新颖、独特的观念形态。新颖是指对社会、对思维者个人来说是前所未有的。独特是指从与众不同的角度出发，提出独到的见解，想出别人想不出的东西。在学习过程中对所学定义、定理、法则、解题思路、解题方法、解题策略等提出自己的观点、想法。

2. 巧妙性（或称灵活性）

巧妙性反映思维能否随机应变、巧妙转换、举一反三、触类旁通，与自然万物密切融合，具有巧妙思维能力的人，不易受思维定式和功能固着的束缚，因而能提出不同风格的新观念。这种人善于组织多方面的知识和信息，根据事物变化的具体情况，在瞬间展开丰富的联想、假设，快速形成新奇的办法和方案。并且能从客观事实出发，很快地修正自己的思想，改变看法，调整认识。在学习过程中，不拘泥于书本所学的、老师所教的，遇到具体问题能灵活多变，活学活用。

善于开发巧妙性，要求在特定的场合能做出超出寻常的反应。讲个关于巧妙性的小故事。1971 年，基辛格博士为恢复中美外交关系秘密访华。在一次正式谈判尚未开始之前，基辛格突然向周恩来总理提出一个要求："尊敬的总理阁下，贵国马王堆一号汉墓的发掘成果震惊世界，那具女尸确是世界上少有的珍宝啊！本人受我国科学界知名人士的委托，想用一种地球上没有的物质来换取一些女尸周围的木炭，不知贵国愿意否？"周恩来总理听后，随口问道："国务卿阁下，不知贵国政府将用什么来交换？"基辛格说："月土，就是我国宇宙飞船从月球上带回的泥土，这应算是地球上没有的东西吧！"周总理哈哈一笑："我道是什么，原来是我们祖宗脚下的东西。"基辛格一惊，疑惑地问道："怎么？你们早有人上了月球，什么时候？为什么不公布？"周恩来总理笑了笑，用手指着茶几上的一尊嫦娥奔月的牙雕，认真地对基辛格说："我们怎么没公布？早在 5000 多年前，我们就有一位嫦娥飞上了月亮，在月亮上建起了广寒宫住下了，不信，我们还要派人去看她呢！怎么，这些我国妇孺皆知的事情，你这个中国通还不知道？"周恩来总理机智而又幽默的回答，让博学多识的基辛格博士笑了。

3. 流畅性（或称敏捷性）

流畅性反映思维是在问题的刺激下，能否流畅地做出反应的能力。这是开发创造性思维能力的重要方面。流畅性是思维的一种状况，是创造性思维成长的摇篮。没有流畅性便没有创造性思维。流畅是认识、观念、方法以及对事物的表达按照各自事物的发展顺序、结合情境的需求进行迁移、跳跃、滑动和联系的过程。在学习过程中，表现为思维敏捷，解题迅速。

具有流畅性思维能力的人，能在较短时间内表达出较多观点，反应迅速而且理念众多，通常以思维量来衡量。例如：有一幅画，要求在规定时间里，根据画面内容联想出一个故事来，说出的故事内容越多，表明流畅性越高。又如，有一道测试题："他的心胸像什么一样宽大？"被试者给出的答案越快越多，说明思维流畅性越高。流畅性高的人大多是思维迅速、敏捷、思路畅通无阻。

4. 突发性

创造性思维在时间上往往是突然产生某个创意、表现出非逻辑性的品质。表面上看来，它是违反常规的，使人感到不可思议，有时使本人都感到吃惊。实际上，它是长期量变基础上的质的飞跃。爱因斯坦创立相对论时，许多科学家为之瞠目，有的人公开讥笑他为"疯子"，讲了一通"疯话"。当德国科学家普朗克首创量子论假说时，连自己也感到茫然不知所措，甚至怀疑这个假说的真实性。这就表明：创造性思维的突发性，绝不是空穴来风，它们或者是长期构思酝酿后的突然爆发，或者由某一个偶然因素启发后的一触即发，它在时间上往往是极短的。

5. 求异性（或称批判性）

创造性是一种求异思维。这个特征贯穿于整个创造性活动的始终。它往往表现为对司空见惯的现象和已有的权威性理论持怀疑的、分析的和批判的态度，而不是轻信盲从。求异思维在质与量、深度与广度上要求集中思维与发散思维辩证统一。集中思维是发散性的出发点与归宿；发散思维以集中思维为中心，扩及各个方向，通过不断地思想反馈，集中到解决问题的最佳方案上来。因此，高度的集中和灵活的发散有机结合，是创造性思维活动的必备品质。在学习过程中，对一些知识领域中长期以来形成的思想、方法，不信奉，特别是在解题上不满足于一种求解方法，而谋求一题多解。

6. 联想性

面临某一情境时，思维可立即向纵深方向发展；觉察某一现象后思维立即设想它的反面。这实质上是一种由此及彼、由表及里、举一反三、融会贯通的思维的连贯性和发散性。

7. 连续性（或称韧性）

连续性是创造性思维的耐力和持续力的度量。连续性在创造过程中的作用是，在思维连接点的黏合中，为流畅性提供了持续力，没有连接点的沟通，思维就可能中断。没有连接点的创造，就没有完整的创造可言。有时某个目标的选择可能是创造性的，但没有相应的方法去完成目标，这个目标就可能失去"创造"的机会，只有连续性才能为创造思维"牵线搭桥"。因此，应该下大力气对连续性思维进行认真开发。

许多重大的科技成果，就是在思维的连续中诞生的。我国数学家陈景润，因为思考哥德巴赫猜想这颗"数学皇冠上的明珠"时，走路碰上了树，竟对树说声"对不起"；当朋友在街头向爱因斯坦问好时，他却给对方提出了一连串正在思考的问题；有些科学家由于连续思维，甚至忘记了住址、忘记了婚礼，把怀表当鸡蛋煮等"喜剧"不停上演。

8.整体性

整体性思维说明的是空间上的概括性和综合性，是创造思维成果迅速扩大和展开，在整体架构上带来价值的更新。思维效果的整体性是创造思维的空间扩展。传统的逻辑思维比较注重分析、注重细节的逻辑推理。而创造性思维在这里则是以量的模糊扩大换取整体质的改观。如果在整体上不能实现，重新构建也就失去了意义。只满足于斤斤计较于局部的创新，不可能获得真正的创造，即使有了一些创造，也会被旧的整体淹没。

二、数学创造性思维的内涵与特点

（一）数学创造性思维的内涵

数学创造性思维是自觉的能动思维，是一种十分复杂的心理和智能活动，需要有创见的设想和理智的判断。数学创造性思维从属于创造性思维，它应是创造性思维在数学中的体现；它也直接从属于数学思维，它是数学思维中最积极、最有价值的一种形式。其关系如图 6-1 所示：

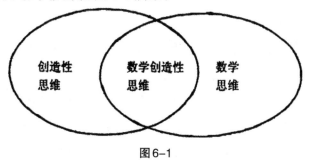

图6-1

创造性思维具有独创性、巧妙性、流畅性、突发性、连续性、整体性等特点。

当然数学创造性思维也应具备这些特点。

数学教育心理学家对数学思维品质也进行了概括，即思维的深刻性、思维的广泛性、思维的灵活性、思维的独创性、思维的敏捷性、思维的批判性。当然数学创造性思维应具备上述六条品质。

总之，数学创造性思维是创造性思维的一种，它是逻辑思维与非逻辑思维的综合，又是数学中发散思维与收敛思维的辩证统一，它是各种思维形式高度统一协调的综合性思维。它不同于一般的数学思维之处在于它发挥了人脑的整体工作和意识活动能力，发挥了数学中的形象思维、灵感思维、审美的作用，因而能按最优化的数学方法与思路，不拘泥于原有理论的限制和具体内容的细节，完整地把握数与形有关知识之间的联系，实现认识过程的飞跃，从而达到数学创造的完成。

（二）数学创造性思维的特点

数学创造性思维作为一种数学思维，它也是人脑和数学对象相互作用并按一般思维规律认识数学规律的过程，然而它作为一种特殊的思维形式又有区别于其他思维的特征。

1.数学的发明在形式、结构上体现了数学美

数学美是在人类社会实践活动中形成的人与客观世界之间，以数量关系和空间形式反映出来的一种特殊的表现形式。这种形式是以客观世界的数、形与意向的融合为本质，以审美心理结构和信息作用为基础的。

在数学领域中，发现或发明都是以新的思想组合的方式进行的。发明创造就是排除那些无用的组合，保留那些有用的组合。所以"发明就是选择！选择是被科学的美感所控制的！"

[案例 6.1] 已知 a,b,c,A,B,C 都是正数，且 $a+A=b+B=c+C=1$。

求证：$aB+bC+cA<1$

很多学生感到困难很大。究其原因，主要是他们只在代数范围里对问题作出表征而不能在几何范围里对问题作出表征。事实上，将问题作出几何表征如下：如图 6-2，在边长为 1 的正三角形 PQR 的各边上分别取点 P',Q',R'，使 $PP'=A$，$P'Q=a,QQ'=B,Q'R=b,RR'=C,R'P=c$，则有

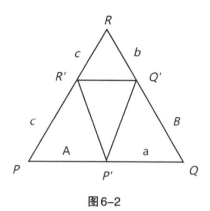

图6-2

$$S \triangle P'QQ' + S \triangle Q'R'R + S \triangle R'PP' < S \triangle PQR$$

即 $\frac{1}{2}aB\sin 60° + \frac{1}{2}bC\sin 60° + cA\sin 60° < \frac{1}{2} \times 1 \times 1 \times \sin 60°$

$\therefore aB + bC + cA < 1$

这种证法就很富有创造性，其本质就是被数学美感所控制的选择。

2. 数学的创造思维是在自由想象基础上构造

亚里士多德有一句名言："想象力是所有发明和发现等创造性活动的源泉。"数学作为一门高度抽象的科学，在其创造活动中，可以说比其他学科更需要想象力。数学史上有许多重大成就都是借助于数学想象，例如，非欧几何就是人类天才想象力的创造物。想象力对于数学太重要了，没有想象力的人与科学创造无缘。数学想象对开发右脑创造潜能和培养创造性思维具有重要的作用。数学创造性思维需要想象，想象提供理想化的思想方法，理想化的思想方法使研究对象极大地简化和纯化。想象力是建立数学新概念、新理论的设计师。数学创造性思维的结果是思维的自由创造物和想象物，它以逻辑上无矛盾为必要条件。由于把 $\sqrt{-1}$ 设想为一个数，像实数一样参加四则运算在逻辑上无矛盾，从而创造了虚数，这种思维的自由创造物和想象物就是一个很著名的例子。

3. 数学的发现是逻辑思维与非逻辑思维的总合

数学规律的发现既要靠直觉思维、形象思维，也要靠逻辑思维。既要靠发散思维，也要靠收敛思维。数学推理既有归纳推理，也有演绎推理。一般是由合情推理的猜想，靠逻辑演绎证明。其过程可用图 6-3 所示：

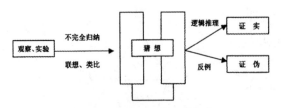

图6-3 潜意识、灵感、顿悟

思维总是从问题开始的。从数学创造性思维活动的过程来看，在酝酿构思阶段和领悟突破阶段一般要通过逻辑思维、非逻辑思维、发散思维等形成数学猜想，然后运用集中思维和逻辑思维对数学猜想进行检验、论证和完善。

[案例 6.2] 观察下列算式：

$$\frac{5^3+2^3}{5^3+3^3}+\frac{5+2}{5+3}$$

$$\frac{7^3+3^3}{7^3+4^3}+\frac{7+3}{7+4}$$

$$\frac{9^3+5^3}{9^3+4^3}+\frac{9+5}{9+4}$$

初看这些等式，我们立即会问：把分子分母上的乘方指数 3 约掉有如下的形式的结构：

$$\frac{A^3+B^3}{C^3+D^3}?=\frac{A+B}{C+D}$$

这能相等吗？但仔细观察会发现有规律 A=C。但仅这些条件是不够的。比如：

$$\frac{5^3+2^3}{5^3+4^3}\neq\frac{5+2}{5+4}$$

再进一步观察，可以发现

3=5-2

4=7-3

4=9-5

…

D=A-B

由此产生一个小小的猜想：(1) $\dfrac{a^3+b^3}{a^3+(a-b)^3}=\dfrac{a+b}{a+(a-b)}$

（1）式对不对呢？需要证明或证伪。

由 $x^3+y^3=(x+y)(x^2-xy+y^2)$，有

$$\frac{a^3+b^3}{a^3+(a-b)^3}=\frac{(a+b)(a^2-ab+b^2)}{\left[a+(a-b)\right]\left[a^2-a(a-b)+(a-b)^2\right]}$$

$$=\frac{(a+b)(a^2-ab+b^2)}{\left[a+(a-b)\right]\left[a^2-ab+b^2\right]}$$

$$=\frac{a+b}{a+(a-b)}$$

这表明（1）式成立

此例只是利用初中数学知识进行发现的一个例子，我们只是用它简单分析一下发现的思维过程。

以上三条主要特征还不尽完善，只是在探索中迈出试探性的一步。

最后，应当指明的是，关于数学中创造性思维的研究必须特别注意这样两点：第一，数学中创造性思维的研究必须立足于实际的数学活动，不然的话，这种研究就将成为无源之水，无本之木，并将失去根本的存在意义。也正因为此，我们在此就不能满足于将创造性思维研究一般性结论简单地应用到数学之中，而应通过对于实际数学活动的深入考察正确揭示数学思维的特殊性。第二，我们不应过分强调方法论研究的规范性，也即应当明确反对任何不恰当的、强制的统一；恰恰相反，我们应当大力提倡头脑的开放性与思维的灵活性——容易看出，这事实上也就是创造性思维的一个重要特征。

三、创造性思维产生的条件

创造性思维品质包括思维的深刻性、思维的广阔性、思维的灵活性、思维的独创性，以及思维的敏捷性和批判性等，因而创造性思维的产生需要一定的条件。

（一）应该具有广博的知识和良好的知识结构

这是创造性思维产生的前提和基础。任何发明创造都不是凭空产生的。创造力的形成和发展以深厚的知识底蕴为基础，拥有广博的知识就便于发现各种知识

之间的联系，受到启示，触发联想，产生迁移和联结，形成新的观点和理论。虽然创造性思维也常常需要转瞬即逝的"灵感"和"顿悟"，但"灵感"和"顿悟"事实上是知识从"量变"，到"质变"的飞跃，是建立在人的实践经验知识的基础上的理性积淀而不是盲目的直觉。同时，创造性思维也需要思维的深刻性和思维的批判性，这两种思维品质都离不开宝贵的知识经验，对已掌握的知识深入思考，融会贯通，合理扬弃，才会产生新的思路。一个人的知识量影响他创造能力的发挥，美国曾对1131位科学家的论文、成就、晋级等方面进行了分析调查，发现这些人才大多是以博取胜，很少有仅仅精通一门的专才，因此，美国主张在加强基础专业的同时，提倡"百科全书式"的教育。巧妇难为无米之炊，离开丰富广博的知识，创造性思维就成了无源之水、无本之木。机会永远只留给有准备的人，所以要想拥有创造性思维首先应该拥有广博的知识。

但是，拥有丰富知识的同时也必须有合理的知识结构，如果掌握的知识杂乱无章地堆积，那么就难以检索、加工、辨识、重组，也就不会产生独创性的见解，这些知识很可能永远沉睡在脑海中。因此，要想拥有创造性思维，不仅要有知识库存，更要把知识"堆放整齐"。

（二）要有灵活敏捷的思维

拥有广博的知识并不等于拥有了创造性思维能力，突发奇想和"眉头一皱，计上心来"需要的是灵活敏捷的思维。心理学研究显示，有利于创造力发展和培养的因素主要有：思维活跃、善于求异和逆向思维，扩散和集中思维能力强……爱因斯坦把思维的灵活性看成思维的典型特征，思维灵活敏捷多变，思路才能纵横展开，不受条条框框的束缚，能多方面、多角度地考虑问题。并且思维灵活、敏捷、畅通，才能在短时间内产生较多设想。创造性思维不仅需要丰厚的知识，也需要能够将这些知识调动起来的灵活畅通的思维，这样才能将这些知识变为创造力。

面对复杂的数学对象，只有具备思维的高度灵活性，才能进行多方面、多角度、多层次的思考，才能冲破旧观念、旧思想和思维定式的束缚而步入新的境界。例如，年轻的数学家伽罗瓦在研究代数方程思维受阻时，以反常的思维方式引入代数群的概念，不仅解决了代数方程的根式可解问题，而且开辟了群论这一崭新的领域。数学史上诸如此类的大量事例充分说明，具有思维的高度灵活性是产生创造性思维的必要条件。

（三）要有丰富的想象力

大科学家爱因斯坦曾说过：提出新的问题，新的可能性，从新的角度去看旧的问题，都需要有创造性的想象。古希腊著名学者亚里士多德指出："想象力是所有发现、发明等创造性活动的源泉。"列宁则更进一步指出："在数学中也是需要幻想的，没有它就不可能发明微积分。"没有想象力，人类就不会飞上蓝天，登上月球，想象力是所有发现和发明的源泉。数学创造性活动的整个过程都离不开联想、想象等科学的想象力，因此，勤于动脑、熟练掌握和运用数学想象思维的方法是实现数学创造的关键。创造性思维始终伴随着创造性想象，虽然想象难免带上种种主观臆测、虚假和错误的成分，但它却是由感性认识上升到理性认识必不可缺的环节。

（四）要具备良好的心理素质

事实上，每个人都具有创造的禀赋，但是必要的心理素质也有着非常重要的影响，这些非智力因素在某种程度上甚至起到决定性的作用。通常把一个人的心理表现，如情绪、意志、兴趣、性格等称为心理素质，这些能够影响成功的因素也被称为情绪智力（EQ），最新的研究显示，一个人的成功只有20%取决于智商（IQ）的高低，80%取决于EQ。

有关研究人员曾提出了这样的公式：

创造力 = 有效知识量 $\times$ IQ $\times$ EQ 可见，心理素质对于创造性思维的重要性。

首先，良好的情绪和心境、快乐的生活能维持积极的人生观，能心无杂念保持思维的敏捷，灵感往往钟情于轻松愉快的人，在精神焕发、兴致勃勃的情绪中，大脑才能够联想活跃，想象丰富，触类旁通；也只有情绪稳定快乐，才能有创造的激情和强烈的追求原望。情绪低落的人往往容易万念俱灰，又谈何创造？

其次，顽强不屈的意志品质是创造力的保障，表现为知难而进，坚忍不拔的精神。只有百折不挠愈挫愈奋的人才能取得最终的胜利。诺贝尔为了研制安全的炸药，进行上百次的试验，在一次试验中弟弟被炸死，父亲成了残废，但他仍不屈不挠继续试验，终于发明了安全的固体性炸药。意志顽强的人能够和困难做斗争，能够在逆境中奋起。

最后，兴趣和强烈的好奇心是创造性思维的动力。一个人对某种事物发生兴趣，就会主动地、积极地、执着地去探索。而强烈的好奇心能导致解决问题意识的产生，好奇心既是一种寻根问底的求知情感，也是探索求知奥秘的钥匙，能激发进取的欲望。发现者必然有强烈的好奇心。

瓦特发现水烧开壶盖会跳，这引起他的好奇和兴趣，瓦特带着这个好奇发明了蒸汽机，推动人类社会进入了工业文明；少年李四光对石头情有独钟，对石头充满了好奇，后来他第一次发现了中国发生过第四纪冰川，这个发现不能不说是源于好奇。有了好奇心，有了强烈的兴趣，才可能带着愉快的、高涨的情绪，克服一切困难，去分析、去比较、去实验、去研究、去掌握认识问题，展现智慧和才干。

总之，要树立这样的坚定的教育信念：人的创造性思维是可以通过教育来发展的。当然人的数学创造性思维的发展也是可以通过教育来实现的。

第三节　在数学教学中培养学生的创造性思维能力

一、更新观念,树立创造性教学思想

实施数学的创造性教学,不只是一个方法问题,而首先是教学观念的变革。实际上,也只有数学教学观念的变革,才能推动数学教学方法的创新,从而真正提高数学教学的质量,有效地培养学生的创造性思维能力。

(一)重建平等的师生关系,营造宽松、民主的课堂教学气氛,以发展学生创造个性品质

在我国的传统教学中,"师道尊严"的光环长期笼罩在广大教师的头顶,课堂成了学生循规蹈矩、洗耳恭听教师演讲的殿堂,教师滔滔不绝,学生默默聆听,容不得学生"接下茬","交头接耳",学生就像关在笼子里的鸟,养在鱼缸里的鱼,只能按教师设定的轨迹活动,只能回答"对不对""是不是"一类的问题。长此以往,学生就认为凡是教师讲的都对,凡是书上写的都正确,凡是名人的话都是真理,丝毫容不得半点怀疑。这样的环境下,学生的创造个性完全被扼杀了。事实上,师生是平等的,只是"闻道有先后"而已。

课堂教学的效果不仅决定于教师对教材的挖掘程度,更决定于学生的参与程度以及教与学形成和谐的"共振"程度。因此,只有建立了师生平等关系,才有可能最大限度地提高课堂教学效果。

教学不仅是一个认识过程,而且也是情感和意志活动的过程。因此,重建平等的师生关系就成为营造课堂宽松环境的首要因素。教师要尊重学生的权利,学生的独立性、积极性和创造性的个性应受到尊重和保护。课堂中学生"接下茬""交头接耳"不是学生的毛病,而是学生思维活跃、反应迅速、急于表现的信号,教师不但不要去压制,而要顺势引导,考虑如何改进自己的教学。课堂教学是师生双向的活动,应让学生有充分发挥自己见解的机会,给学生的创造和探索提供充足的时间和广阔的空间。凡是学生有可能想出、说出、做出,就应该大胆放手让学生去想、去猜测、去探索、去回答、去动手操作。教师要学会赞赏学生,当学

生的思维方向与教师不一致时,教师不要强行让学生跟自己走,古人尚且知道"弟子不必不如师"。教学设计与教学过程不一致时要及时调整,以适应学生的思维发展水平。即教学设计要服从于课堂,课堂应成为学生主动学习的场所,让学生充分地去思考、去探究,"天高任鸟飞,海阔凭鱼跃"。这样一来,师生间的情感状况就会逐步由"接近""亲近"向"相赖""共容"升华。这种平等的师生关系和宽松、民主的课堂教学氛围,才有利于发挥学生的创造性思维能力。

(二)树立良好的班风,挖掘每个学生的创造潜能

创造性思维能力是每个学生都具有的,只是大小程度不同而已。环境对人们的影响非常重要,"近朱者赤,近墨者黑"就是这个道理。因此,给学生创造一个良好的氛围,对培养学生创造性思维能力也十分重要。在学习探究风气氛围浓厚的班级里,每个学生都会有发展的可能。

作为教师首先应发挥学习优秀者的榜样作用,教育其他学生向优秀者看齐,虚心向他人请教。同时,教师也要使学习优秀者认识到,同学之间互相帮助对自己的学习也有促进的作用。因为自己领会某一知识并能运用,与用自己的语言恰当地叙述知识,与使自己的叙述被别人听懂、接受,并不是同一回事,从领会知识到用自己的语言表达知识,再到让别人听懂自己的叙述,每一步都需要经过一次重新学习,重新概括的过程。没有对知识的本质属性的深刻理解,没有对知识的发生发展过程的透彻了解,就不可能将知识用浅显易懂的语言表达出来,只有掌握了知识的内在联系,才能将知识的来龙去脉叙述清楚。

另外,教师一定要发扬课堂民主,创造一种积极热情的、相互支持、相互理解的师生关系,建设民主的、活跃的、热情的课堂气氛,按照课程发展的具体情况灵活地调整教学情境,指导学生进行有效的学习。努力学会客观公正地评价每一个学生,使他们都树立起自信心,特别注意以积极的态度对待"后进生"或学习有困难者,对他们应多鼓励,多帮助。心理学实验已经证明"教师期望效应"的确存在,因此,教师应保持对学生的积极期望,以使学生对这种期望做出积极的反应。教师要积极鼓励班里的同学互相学习,互相帮助,取长补短,共同进步。只有这样,才能调动每一个学生的学习积极性,有效地挖掘每个学生的创造潜力。

（三）师生互动，激发同学的创新意识

数学教学活动必须建立在学生的认知发展水平和已有的知识经验基础之上。教师应激发学生的学习积极性，向学生提供充分从事数学活动的机会，帮助他们在自主探索和合作交流的过程中真正理解和掌握基本的数学知识和技能、数学思想和方法，获得广泛的数学活动经验。学生是数学学习的主人，教师是数学学习的组织者、引导者与合作者。

思维主要靠启迪，而不是靠传授。教师越是传授得一清二楚，学生就越不需要思维，尤其是创造性思维，一经传授，就失去了创造意义。因此，课堂上要让学生自己动脑、动口、动手，自主地参与观察、比较尝试、判断、思考等活动，让结果从自己的头脑中产生。

教育家陶行知先生说过："人生两个宝，双手和大脑。"动手、动脑是学生在主体活动中培养创新能力的有效方法，具体落实在教学中，就是要让学生多想、多说、多做，在做数学和用数学中学会求知，学会创新。

[案例 6.3] 三角形的内角和定理的证明是旧人教版几何课本中第一个需要添加辅助线的证明，如何添加辅助线成为学生思维的自然结果，便是本节课要突破的难点，在教学中，教师可采用问题探究法，引导学生参与辅助线的探求、发现、操作的过程，从中揭示隐含的数学思想方法，整个教学活动过程是：复习小学折纸实验，得到结论：三角形的内角和为 $180°$，进而引入课题：

问题 1：以前你是否见过一个类似于这个结论的熟悉的问题，即关于几个角的和为 $180°$ 或为 $360°$ 的证明题？

学生思考后回答：

(1) 如图 6-4，$AB//CD$，求证：$\angle 1+\angle 2=180°$

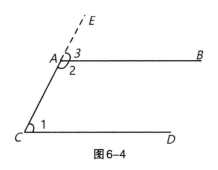

图 6-4

(2) 如图 6-5，*AB//CD*，求证：∠1+∠2+∠3=360°

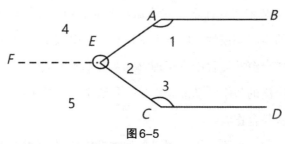

图 6-5

问题 2：怎样证明命题（1）和命题（2）呢?

学生探讨后回答：如图 6-4，延长 *CA* 至 *E*

∵ *AB//CD* ∴∠1=∠3

∴∠1+∠2=∠2+∠3=180°

如图 6-5，作 *EF//AB* ∵ *AB//CD*，∴ *EF//CD*，

∴∠1=∠4，∠3=∠5，

∴∠1+∠2+∠3=∠4+∠2+∠5=360°

教师点拨：这样做的实质是借助平行线，通过等角代换，把几个角移到一起证明它们可拼成一个平角或周角，两个命题证明的思想方法是一致的。

问题 3：回到要证明的定理上，怎样把三角形的三个角移到某一处，证明它们可拼合成一个平角呢?

学生动手实验并证明：把剪好的三角形纸片的三个角移到某一处，尝试怎样移才能保证等角代换，由此引出了图 6-6 中各种辅助线的方法，进而完成证明。

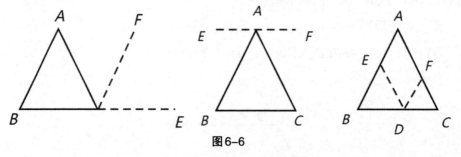

图 6-6

问题 4：联想命题（2），除了上述三种添加辅助线的方法外，还有不同的方法吗?

学生进一步探求，得到图 6-7 的新方法，颇有创意。

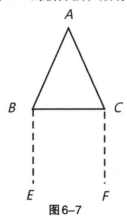

图6-7

教师揭示思想方法：以上过程是由"三角形的内角和为 180°"这一个问题想到"几个角的和为定值"这一类问题，在这一类问题中找出一般的方法，再去解决"三角形的内角和为 180°"这一个问题，归纳起来是："由个及类，由类导个。"这是数学解决问题的思想方法之一。

问题 5：能否结合三角形内角和定理，用新的方法重新证明问题（1）和问题（2）？

学生讨论后，得到图 6-8 添加辅助线的方法。

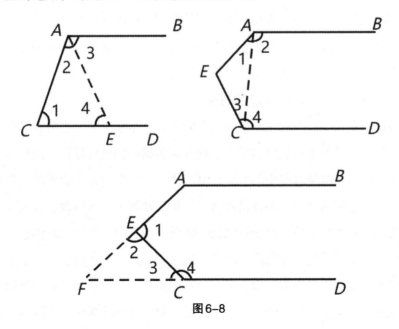

图6-8

回到前面的问题中，用新学的知识解决它，再一次由个及类，新的通法展现在面前！学生在这种自主探索的活动空间中获取新知，运用新知，发展新知，从而也培养了学生的创造性思维能力。

二、利用不同的教学方法，培养学生的创造性思维能力

教学方法是实现教学目标，落实人才培养模式，提高教育质量的重要因素。我们认为，要结合时代和社会发展特征、趋势，来重新审视过去的教学方法，过去太强调课程的系统性、完整性，讲细讲透的教学方法。事实上，在现代科技加速发展，知识量激增以及信息化的时代背景下，即使在一个很窄的专业领域，也不可能把所有的知识都"输"给学生。不给学生留有自己思考的时空，就不可能培养创新能力，而且随着信息技术和教育技术的发展，必将带来教学方法上的革命；其次，要从传统的文化角度研究和改革教学方法。杨振宁先生根据中西文化系统的不同，比较了中美的教学方法。他指出，中国传统教学方法重演绎、推理、按部就班，严肃认真、基础扎实，但缺乏创新意识；而美国的教学方法重归纳、分析和渗透、综合，是一种"体会式"的教学法，其优点是独立思考能力和创造能力强，易于较快进入科学发展前沿，但基础不够扎实。因此，我们在发扬自己优秀传统文化的同时，要吸收和借鉴外国教学方法的优点，取长补短。

在数学教学实践中，可采用多种多样的教学方法，激发学生的创造兴趣，发挥学生在教学过程中的主体作用，培养学生的创造性思维能力。

（一）开放式教学，培养思维的独立性

实行以学生独立活动为主的开放式教学形式，是培养学生思维独立性的主要手段。现代教学是发生在教师和学生之间互相传输的信息的过程，而且认为学生向教师传输信息是教学过程中的实质成分。因而在教学方法上就要最大限度地利用学生已有的思维活动，并加速发展这些思维活动能力。所以教学必须开放，让学生成为教学过程的主体，改变传统教学中单一由教师向学生发射信息，教师独占课堂代替学生思维活动的局面。对一些定理、法则和公式的推导，学生能够做的，尽可能让他们自己去做。学生虽一时不能完全由自己做出，但在教师的指导下是可以胜任的，也不要教师一手包办。最大限度地调动学生的积极性，使他们

学会独立获得知识，获得独立地发现问题和独立地解决问题的能力。在新课程新理念中特别强调这一点。正如柏拉图并不把自己看作一个教师，而是看作一个帮助别人产生他们自己想法的"助产士"。

[案例6.4]关于圆锥曲线标准方程的教学，教师可以改变过去那种只由教师推导学生听讲的传统做法，而是在教师的引导下，逐步放手让学生自己去推导，这样做效果会更好。

对于椭圆的标准方程，由于学生已有了求曲线方程的初步技能，在教师的指导下，由学生导出就有可能。但为了使方程标准化，还需在推导前师生共同建立直角坐标系，定出焦距 $2c$ 和常数 $2a$。另外，学生还不会想到令 $a^2-b^3=c^2$。在推导过程中，给出一个"路标"，只要学生推导出方程 $(a^2-c^2)x^2+a^2y^2=a^2(a^2-c^2)$ 就可以了。然后在教师的引导下，进行参数变换，得到椭圆的标准方程。

对于双曲线的标准方程，就不需要教师作任何指导，完全由学生自己推导就可以完成。

对于抛物线的标准方程的推导，就要提出更高的要求。给出定义后，先让学生考虑定点 F 与定直线 l 可能的位置关系。这时学生很快会说出四种情况：

（1）F 在 l 右方；（2）F 在 l 的左方；（3）F 在 l 的上方；（4）F 在 l 的下方。

如何选取坐标系？对于（1）、（2）情况，x 轴的选取大家意见一致：过 F 作的垂线为 x 轴。而 y 轴的选取，则三种意见：一是以过 KF（K 是 F 到 l 的垂线的垂足）的中垂线为 y 轴；二是以 l 为 y 轴；三是以过 F 且与 x 轴垂直的直线为 y 轴。类似地，对于（3）、（4）情况，x 轴的选择也有三种情况。

对于定长 $|KF|$，有的设 P，有的设 $2P$，这样，产生了各种方案，仅（1）就有 6 种推导方案。所以共产生了 $6 \times 4 = 24$ 种不同的方案。从而推导出 24 种不同形式的抛物线方程：

第一组：　$y^2 = 2px, y^2 = -2px$　；

$$x^2 = 2py, x^2 = -2py$$

第二组：　$y^2 = 2p\left(x - \dfrac{p}{2}\right), y^2 = -2p\left(x - \dfrac{p}{2}\right)$；

$$x^2 = 2p\left(y - \frac{p}{2}\right), x^2 = -2p\left(x - \frac{p}{2}\right)$$

第三组： $$y^2 = 2p\left(x + \frac{p}{2}\right), y^2 = -2p\left(x + \frac{p}{2}\right);$$

$$x^2 = 2p\left(y + \frac{p}{2}\right), x^2 = -2p\left(y + \frac{p}{2}\right)$$

第四组： $$y^2 = 4px, y^2 = -4px;$$

$$x^2 = 4py, x^2 = -4py;$$

第五组： $$y^2 = 4p(x - p), y^2 = -4p(x - p);$$

$$x^2 = 4p(y - p), x^2 = -4p(y - p)$$

第六组： $$y^2 = 4p(x + p), y^2 = -4p(x + p);$$

$$x^2 = 4p(y + p), x^2 = -4p(y + p)$$

推导前，有些同学受椭圆、双曲线中 $2a, 2c$ 的影响，认为 $|KF|=2P$ 会比 $|KF|=P$ 简单，但事实上刚好相反，后三组比前三组复杂，这就使它们通过自己的独立活动，消除了思维定式的负面影响。

前三组再进行比较，显然第一组最简单，于是拿出第一组进行研究。同时让学生打开课本"平面解析几何"看书上的表，就不再觉得抛物线四种标准方程来得突然了，而是自己亲自推导出来的。

（二）启发式教学，培养思维的灵活性

数学教学实质上是数学思维活动的教学，启发式教学就是教师根据学生认识事物的规律，通过周密地设计教学手段，充分调动学生的学习自觉性，引导他们针对问题，积极思维，解决问题。

[案例 6.5] 高中代数下册课本上有这样一道习题

题目是：已知数列 $\{a_n,\}$ 的项满足

$$\begin{cases} a_1 = b \\ a_{n-1} = ca_n + d \text{ 其中} c \neq 1 \end{cases}$$

证明这个数列的通项公式是

$$a_n = \frac{bc_n \pm (d-b)c^{n-1} - d}{c-1}$$

为了使学生掌握求递归数列的通项公式的各种方法（而这正是课本所没有的），可把题目的"证明"改为"探求"，并补充 $c \neq 0$ 的条件，使题目完善，这样题目的难度、深度、广度都加强了。

在教师的启发下，同学们纷纷开动脑筋，运用归纳、猜想、联想等思维手段，应用以前所学的知识和技能，从各个不同角度出发，得到了求该数列通项公式的六种不同方法：

首先通过递推得到 $a_1, a_2, a_3, \cdots\cdots$ 然后归纳，猜想出 a，最后加以证明。这种"归纳、猜想、证明"的方法，是求数列通项公式的一种常规方法。

启发学生把问题转化为熟知的求等差数列或等比数列的通项公式问题，从而得到方法二"构造辅助数列法"。

使学生先联想数列求和中常用的方法，又得到"累加相消法"与"连乘相约法"两种方法。

从观察已知递推关系式，分析出 a 表达式的结构，引导学生用早已熟知的"待定系数法"，也求出了通项公式。

最后，教师再用更高的观点启发学生，使学生会用"特征方程"解这类问题。

这样做，不仅使学生掌握了求数列通项公式的技能，更重要的是培养了学生运用各种常用数学方法的能力，从而提高了他们分析问题和解决问题的能力。这正是启发式教学的目的。

[案例 6.6]："设 $0 < x < 1, a \neq 1$，比较 $\log_a(1-x)$ 与 $\log_a(1+x)$ 的大小（要写出比较过程）"。除了启发学生用常规方法得出几种解法外。可给出下面别具一格的简捷而又新颖的解法，使学生耳目一新。

解析：$\because \log_a(1-x) + \log_a(1+x) = \log_a(1-x^2)$，不论 $a > 1$ 还是 $0 < x < 1, \log_a(1-x)$ 与 $\log_a(1+x)$ 异号，而与 $\log_a(1-x^2)$ 同号。出于异号两数相加，和的符号总是与绝对值较大的那个加数的符号相同。

$\therefore \log_a(1-x) > \log_a(1+x)$

教师经常这样启发学生，就锻炼和提高了学生从自己的知识库存中搜寻和提取有关知识的数量和速度的能力，从而可发展学生的求异思维和创造能力。

（三）讨论式教学，培养思维的批判性与深刻性

思维的批判性，表现在善于根据客观标准，从实际出发，细心权衡一切意见，从而明辨是非。具有思维批判的人，能够严格地评价自己和他人的思维，并能检查出自己和他人论点的正误。教学中依据青少年好胜性强，喜欢怀疑、争辩，敢于发表意见的特点，组织对有争议的问题进行鉴别讨论，对隐蔽的错误进行辨误、驳谬，会收到很好的效果。

[案例 6.7] 对于幂的运算法则 $(a^m)^n = a^{mn}$，在复数集内成立的条件，学生往往不重视，常常出错，教师即使从正面强调多次也不会有明显效果。于是可拿出一道题：计算 $\left(\dfrac{-1+\sqrt{3i}}{2}\right)^{10}$，同学中出现两种结果：

一种做法是：$(\dfrac{-1+\sqrt{3i}}{2})^{10} = \left[(\dfrac{-1+\sqrt{3i}}{2})^3\right]^{\frac{10}{3}} = 1^{\frac{10}{3}} = 1$

另一种做法是：

$$\left(\dfrac{-1+\sqrt{3i}}{2}\right)^{10} = \left[\left(\dfrac{-1+\sqrt{3i}}{2}\right)^3\right]^3 \left(\dfrac{-1+\sqrt{3i}}{2}\right) = 1^3 \cdot \dfrac{-1+\sqrt{3i}}{2} = \dfrac{-1+\sqrt{3i}}{2}$$

通过讨论辨析，才使学生对指数 m、n 均为正整数有了深刻的认识。

[案例 6.8] 利用不等式求函数的最值是一个比较困难的问题，学生经常出错，教师可采取讨论式教学法，分以下三个步骤进行：

先提出：当 x>0 时，求函数 $y = 3x + \dfrac{1}{2x^2}$ 的最小值。下面哪种解法对？哪种解法错？为什么？

解法一：$y = 3x + \dfrac{1}{2x^2} = x + 2x + \dfrac{1}{2x^2} \geq 3\sqrt[3]{x \cdot 2x \cdot \dfrac{1}{2x^2}} = 3$

∴ y 的最小值是 3

解法二：$y = 3x + \dfrac{1}{2x^2} = \dfrac{3}{2}x + \dfrac{3}{2}x + \dfrac{1}{2x^2} \geq 3\sqrt[3]{\dfrac{3x}{2} \cdot \dfrac{3x}{2} \cdot \dfrac{1}{2x^2}} = \dfrac{3}{2}\sqrt[3]{9}$

∴ y 的最小值是 $\dfrac{3}{2}\sqrt[3]{9}$

通过讨论，不仅使学生懂得了解法一是错的，还使学生明白解法一中，得出 $y \geq 3$ 并没有错，而是错在由 $y \geq 3$ 得出 y 的最小值是 3。

再提出：已知 x>0，求函数，$y = 4x + \dfrac{9}{x^2} + 1$ 的最小值，下面的解法对吗？为什么？

解：$\because y = 4x + \dfrac{9}{x^2} + 1 = 2x + 2x + \dfrac{9}{x^2} + 1 \geq 4\sqrt[4]{2x \cdot 2x \cdot \dfrac{9}{x^2} \cdot 1} = 4\sqrt{6}$，

$\therefore$ y 的最小值为 $4\sqrt{6}$

学生经过讨论，发现这种解法也是错误的。正确的解法应是：

$\therefore y = 4x + \dfrac{9}{x^2} + 1 = 2x + 2x + \dfrac{9}{x^2} + 1 \geq 3\sqrt[3]{2x \cdot 2x \cdot \dfrac{9}{x^2}} + 1 = 3\sqrt[3]{36} + 1$

当且仅当　$2x = \dfrac{9}{x^2} \Rightarrow x = 3\sqrt[3]{\dfrac{9}{2}} = \dfrac{\sqrt[3]{36}}{2}$　时等号成立，

$\therefore$ y 最小值是 $3\sqrt[3]{36} + 1$

学生的认识总是从不全面、不深刻或出现谬误，经过多次反复和争论逐步发展起来的。因此，利用学生容易产生的错误进行讨论式教学，就会收到正面讲述教学达不到的效果。它不仅培养了学生思维的批判性，也培养了学生思维的深刻性。思维的深刻性是常常伴随着思维的批判性的发展而增强。根据客观真理，透过事物的表面现象，从正反两个方面去发现最本质、最核心的问题，从而能明辨是非。

（四）探索式教学，培养思维的独创性

美国心理学家布鲁纳曾指出："探索是教学的生命线。"勇于探索的精神是创造思维的前提，可以说，没有探索，就没有创造。思维的创造性对学生来说，主要是指在学习过程中，善于独立地思索和分析，表现出不依常规，不循规蹈矩，用新颖的求异思想和方法解答问题，获得他未曾有过的结论。因此，教师需要在教学中善于培养学生勇于探索的精神，为学生创造良好的探索环境，鼓励学生不因循守旧，墨守成规，敢于提出别人未曾想过的方法，敢于对老师和书本提出质疑。

[案例 6.9] 高中代数下册不等式一章中有这样一道题：

已知：a>b>c，求证：$\dfrac{1}{a-b} + \dfrac{1}{b-c} + \dfrac{1}{c-a} > 0$。

学生首先想到的是左边通分，然后证明分子分母都小于零，但方法较繁。

能不能有其他证法呢？让学生去探索。

有的学生构思巧妙，令 $a-b=m, b-c=n$，于是，原不等式变为 $\dfrac{1}{m}+\dfrac{1}{n}-\dfrac{1}{m+n}>0$，容易得证。

有的同学思维新颖，注意到 $a-c>a-b>0$，得出 $\dfrac{1}{a-b}>\dfrac{1}{a-c}$，即 $\dfrac{1}{a-b}+\dfrac{1}{c-a}>0$，又 $\dfrac{1}{b-c}>0$，很轻松地获得证明。

学生陶醉于这种优美的简捷证法，教师还要引导他们更上一层楼。上面已证明了更强的不等式：$\dfrac{1}{a-b}+\dfrac{1}{c-a}>0$，那么在不等式 $\dfrac{1}{a-b}+\dfrac{1}{b-c}>\dfrac{1}{a-c}$ 中，右端分子中的 1 可不可以更大些呢？最大大到什么"程度"呢？

经过探索，利用算术平均值不小于调和平均值，不但得到又一种证明：

$$\dfrac{\dfrac{1}{a-b}+\dfrac{1}{b-c}}{2}\geqslant\dfrac{2}{(a-b)+(b-c)}$$

即 $\dfrac{1}{a-b}+\dfrac{1}{b-c}\geqslant\dfrac{4}{a-c}+\dfrac{1}{a-c}$

而且还将原不等式加强为"最优不等式"：

若 $a>b>c$，则 $\dfrac{1}{a-b}+\dfrac{1}{b-c}+\dfrac{4}{c-a}\geqslant0$，当且仅当 a、b、c 成等差数列时取等号。

利用上面的方法，还可引导学生将不等式推广到一般情形：

若 $a_1>a_2>a_3>\cdots>a_n$，则 $\dfrac{1}{a_1-a_2}+\dfrac{1}{a_2-a_3}+\cdots+\dfrac{1}{a_{n-1}-a_n}+\dfrac{(n-1)^2}{a_n-a_1}\geqslant0$，当且仅当 q，a_2，$a_3\cdots a$，成等差数列时取等号。

这个结论对学生来说可视为创造性成果，为获得这一成果所进行的探索过程，更是创造性的。作为教师应不断地激发学生的探索兴趣和创造精神。

以上是几种教学方法在培养学生创造性思维能力的应用。虽然每种方法都有它独特的作用，但不能过分强调某一种方法的优点。因为单纯采用某一种教学方法是完不成整体教学任务的,因此把某种教学方法作为固定的教学模式或封为"最优教学法"都是不恰当的。但是，根据教学内容、目标和学生水平，选择某种方法，或将几种方法有机地结合起来进行教学，使知识与能力同步，以达到教学的最佳效果，这正是我们所期盼的。

三、在解题教学中培养学生的创造性思维能力

学数学离不开解题，在解题的过程中，教师可根据各种问题的具体情境，采用不同的解题方法用以培养学生的创造性思维能力。

解题教学是数学课堂教学的核心，也是培养学生创造性思维能力的有效途径之一。在解题教学中，既要让学生主动参与到例题的探究过程中去，又要让他们积极参与到解题的回顾过程中去，舍得给时间和空间让学生思考，使他们在思考、讨论中获得新知识，产生新思维，达到在不知不觉中培养创造性思维。

（一）在培养直觉思维的过程中使学生获得创造性

直觉思维是一种"闪念"，是一种预感。在解题教学中，教师应鼓励学生大胆说出这种预感，不要急于追问预感的根据是什么，让学生充分阐述他们的估计和预见，并给予适当的评价和肯定。这样有助于培养学生的创造性思维能力。

[案例 6.10] 如图 6-9，在多面体 $ABCDEF$ 中，已知面 $ABCD$ 是边长为 3 的正方形，$EF/\!/AB$，$EF = \dfrac{3}{2}$，EF 与面 AC 的距离为 2，则该多面体的体积为（   ）。

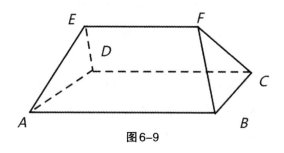

图6-9

（A）$\dfrac{9}{2}$ （B）5 （C）6 （D）$\dfrac{15}{2}$

解析：看来看去它不是一个规则的几何体，没有现成的体积公式以代，脑子产生闪念：分割将会出现一个四棱锥，口算得其体积为 6，而选项（A）（B）（C）

中的 $\dfrac{9}{2}$，5，6 皆比原体积小，因此预感到只有（D）是正确的。若不然，就算连接 BE，CE 分割成一个四棱锥和一个三棱锥后，由于 EF 的位置不定，三棱锥的体积也不易很完美地求出。这试题本身就是一个创新性的，如果不用创新意识就很难快速高效地解决。这个案例充分说明直觉思维在解题中的重要作用。

（二）通过类比引发猜想，培养学生的创造性思维能力

类比是课堂教学常用的一种形式。所谓类比就是依据两个教学对象的已知相似性，把其中的一个教学对象已知的特殊性质迁移到另一个教学对象上去，从而获得后一个教学对象的性质。类比教学，有利于学生记忆和掌握所学知识，有利于培养学生思维的灵活性，在问题解决的过程中，教师应引导学生将似乎不相干的知识联系起来，学生的类比联想过程正是其右脑积极活动、发展创造思维的过程。

[案例 6.11] 设 a 是非零实数，且 $f(x+a)=\dfrac{1+f(x)}{1-f(x)}$，$x\in R$，问 $f(x)$ 是否为周期函数？

若是，求出它的一个周期；若不是，请说明理由。

解析：由于 $f(x+a)=\dfrac{1+f(x)}{1-f(x)}$ 与三角恒等式 $1\tan\left(x+\dfrac{\pi}{4}\right)=\dfrac{1+\tan x}{1-\tan x}$ 结构特征相似，教师可引导学生将二者进行类比。f(x) 可看成是函数 tanx，由于 f(x)=tanx 的周期为 π，而此处的实数 a 相当于 $\dfrac{\pi}{4}$，故类比可猜想 f(x) 是周期函数，且其周期为 4a。

接下去只需避开具体函数 f(x)=tanx 进行抽象论证 f(x+4a)=f(x) 即可。用类比方法，为下手较困难的本题打开了一条行之有效的思路，在此过程中，学生的创造性思维能力也得到了培养。

（三）通过变式教学，培养学生的创造性思维能力

在课堂教学中，教师应要求学生不应该满足于原题解答，而应该引导他们在原题的基础上变换延伸，创设不同的问题情境，把学生的思路拓宽扩展，引向深入，促使学生由陈述性知识向程序性知识迁移。

[案例 6.12] 若关于 x 的方程 $x-t=\sqrt{1-x^2}$ 有解，试求实数 t 的取值范围。

解析：通过学生思考、交流，得到本题的三种解法：用常规通法揭示例题的本质；用分离参数法挖掘例题的探索创新价值；用数形结合法，提炼数学思想。同一个问题，若从不同的角度、用不同的知识和方法去处理，往往会出现思路转移、思维跃进的创新局面。

本题还可以延伸出以下变题：

变题 1：若关于 x 的方程 $\cos x-\sin x+a=0$ 在 $(0,\pi)$ 上有解，试求实数 a 的取值范围。

变题 2：已知直线 $y=x-t$ 与曲线 $y=\sqrt{1-x^2}$ 有交点，求实数 t 的取值范围。

变题 3：若关于 x 的不等式 $x-t\leq\sqrt{1-x^2}$ 恒有解，试求实数 t 的取值范围。

变题 4：若关于 x 的方程 $x-t=\sqrt{1-x^2}$ 有一解、二解，试求实数 t 的取值范围。

变题 5：若关于 x 的方程 $x+b=\sqrt{x^2-1}$ 无解，试求实数 b 的取值范围。

变题 6：若关于 x 的不等式 $kx+b\leq\sqrt{1-x^2}$ 的解集为 $\left[0,\dfrac{1}{2}\right]$，试求实数 k、b 的取值范围。

（四）通过一题多解，培养学生的创造性思维能力

一题多解，是从不同的角度，沿着不同的方向，用不同方法求解同一题目。这对沟通不同知识之间的联系，开拓思路，培养学生思维的发散性，广阔性和灵活性是颇为有益的。从而也可以激发学生的学习兴趣。

[案例 6.13] 如图 6-10，已知梯形 $ABCD$ 的上底 AD 的长 1cm，下底 BC 的长为 4cm，对角线 AC 的长为 4cm，BD 的长为 3cm，求梯形 $ABCD$ 的面积。

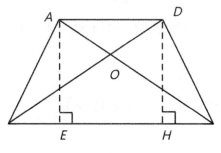

图 6-10

解法1：如图6-10，过 A 点作梯形的高 $AE \perp BC$ 于 E，再过点 D 作 $DH \perp BC$ 于 H，则 $AE=DH$，设 $AE=DH=x$cm，$BE=y$cm，在 Rt $\triangle AEC$ 中

$\because \angle AEC=90°$ $\therefore AE^2+CE^2=AC^2$ $\therefore x^2+(4-y)^2=4^2$

同理在 $Rt \triangle DHB$ 中，$x^2+(1+y)^2=3^2$

即 $\begin{cases} x^2 + (4-y)^2 = 4^2, \\ x^2 + (1+y)^2 = 3^2, \end{cases}$

解得 $\begin{cases} x = \dfrac{12}{5} \\ y = \dfrac{4}{5} \end{cases}$

$$\therefore S_{梯形} = \frac{1}{2}(1+4) \times \frac{12}{5} = 6\left(cm^2\right)$$

解法1是比较直接的，面积公式中的"高"不知道，于是就想到求高。那么我们能不能换个思路，不去直接求梯形的面积，而是把它转化成求其他图形的面积呢？于是有的同学就想到了用割补的方法，把梯形的面积转化为平行四边形或三角形的面积。那么如何转化呢？同学们经过认真思考后，有的同学就说平移对角线，如图6-11所示。

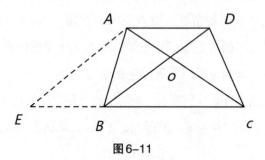

图6-11

解法2：过点 A 作 $AE /\!/ DB$ 交 CB 的延长线于 E，那么四边形 $ADBE$ 就是平行四边形，

$\therefore AD=EB$，$AE=DB$

$\therefore$ 梯形的面积就转化为 $\triangle AEC$ 的面积，在 $\triangle AEC$ 中 $EC=EB+BC=5$，$AE=BD=3$，$AC=4$

$\therefore \triangle AEC$ 为直角三角形

$$\therefore S_{梯形} = S_{\triangle ABC} = \frac{1}{2} AE \cdot AC = 6（\text{cm}^2）$$

解法 2 是通过转化的方法求出了梯形的面积。那么还有没有其他方法呢？有的同学又说，只需两条对角线相乘再乘以 $\frac{1}{2}$ 就可以了，这时同学们产生了分歧，有的同学认为只有求菱形面积时才能用这个公式，因为菱形的两条对角线是互相垂直的，这时有的同学马上就说该梯形的两条对角线也是互相垂直的。因为由解法 2 可知：$AE \perp AC$ 于 A，$BD /\!/ AE$，$\therefore AC \perp BD$ 于是得：

解法 3: $S_{梯形} = S_{\triangle ABC} + S_{\triangle ACD}$

$$= \frac{1}{2} AC \cdot OB + \frac{1}{2} AC \cdot OD$$

$$= \frac{1}{2} AC(OB + OD)$$

$$= \frac{1}{2} AC \cdot BD$$

$$= \frac{1}{2} \times 4 \times 3$$

$$= 6（\text{cm}^2）$$

这时同学们恍然大悟。然后教师本想接下来说是否可以推广到一般的四边形中呢？谁知有位同学抢先说出："如果四边形的两条对角线互相垂直，那么它的面积就等于对角线乘积的一半。"

通过这个案例，同学们"发现"或"拓展"了一个定理，其实这个定理早就有了，然而在此是学生通过实例，发现并会理解运用，使学生们体验到了成功的喜悦。这正是教学创造性思维能力具体体现。

（五）一法多用迁移法

利用迁移法，揭示问题的内在联系，增强学生的创造性思维能力所谓"一法多用"就是用同一种方法解决多个问题，使知识有机地联系起来，起到相互辅助的作用。通过灵活多变的形式，设置一系列相关的图形变化问题，利用迁移法，即"一法多用"，揭示题目内在的本质联系，使学生达到触类旁通的目的。这不仅能锻炼学生模仿能力和联想能力，也能提高和加强学生的创造性思维能力。

[案例6.14](1) 如图 6-12，点 C 是以 AB 为直径的圆外一点，CA，CB 交 $\odot O$ 于 D、E，若 $DE=6\sqrt{3}$，$AB=12$，求 $\angle C$ 的度数。

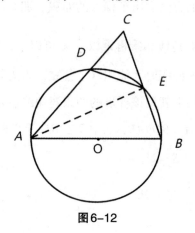

图6-12

解：连接 AE

利用 $\triangle CDE \backsim \triangle CBA$

得 $\dfrac{DE}{AB} = \dfrac{CE}{AC} = \dfrac{\sqrt{3}}{2}$

又 $\because AB$ 为 $\odot O$ 的直径，$\therefore \angle AEB=90°$

在 $Rt\triangle AEC$ 中，

$\therefore \angle C=30°$

本题实质是 $\angle C$ 的三角函数值，而对某个角的三角函数值的求解，是通过寻找直角三角形，转化为线段的比；再利用相似三角形转化为线段的比来实现的，类似的方法在很多题目中都可运用。

（2）AB 是半圆 $\odot O$ 的直径，CD 为弦（如图 6-13)AC，BD 相交于点 P，若 $CD=5$，$AB=13$，求 $\sim \cos \angle BPC$ 的值。

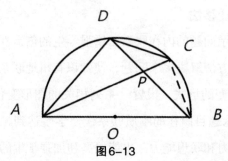

图6-13

分析：连接 BC，则 $\angle ACB=90°$，由 $\cos\angle BPC=\dfrac{PC}{PB}$ 由 $\triangle PCD \backsim \triangle PAB$

得 $\dfrac{PC}{PB}=\dfrac{CD}{AB}=\dfrac{5}{13}$ $\therefore \cos\angle BPC=\dfrac{PC}{PB}=\dfrac{5}{13}$

（3）AB 是半圆的直径，P 在 BA 的延长线上，PC 切 $\odot O$ 于 C，$CD \perp AB$ 于 D（如图 6-14 所示）。

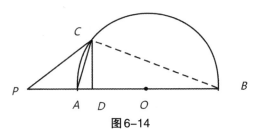

图6-14

已知 $PA=5$，$PC=10$，试求 $\tan\angle ACD$ 的值。

分析：连接 BC，$\angle ACB=90°$，$\angle ACD=\angle B$，可得 $\tan\angle ACD=\tan\angle B=\dfrac{AC}{BC}$

由 $\triangle PAC \backsim \triangle PCB$ 得 $\dfrac{AC}{BC}=\dfrac{PA}{PC}=\dfrac{1}{2}$，即可求得 $\tan\angle ACD=\dfrac{1}{2}$

可见"一法多用"不仅使学生能牢固地掌握数学基础知识和基本技能，还能培养学生思维的广阔性和灵活性，这也是培养学生的创造性思维能力的有效途径。

（六）通过引入开放性问题来培养学生的创造性思维能力

新课程特别强调开放性问题的教学，所谓开放性问题是指问题的条件和结论中至少有一个不确定的一类问题。而条件或结论的不确定又必然导致解决问题的序列出现程度不等的不确定性和模糊性。开放性问题旨在使学生由过去单纯强调逻辑思维能力转变到既强调逻辑思维又强调发散思维能力。它反映了思维从确定性向确定性和模糊性统一的转变。这一点张奠宙先生在其主编的《数学教育研究导引》一书中讲得非常明确，"开放性问题"是"无终结标准答案，培养学生发散思维能力的数学问题"。这句话清楚地揭示了"开放性问题"特征及其教学方面的价值。

1. 开放性问题的基本特性

开放性问题是相对于传统的条件明确，结论唯一的数学问题而言的。近年中、高考中已高度重视开放性试题，出现了立意深刻、背景新颖的开放性题型，这对引导学生从多角度、多层次解决问题，对区分出学生的水平与能力，都有极大考查与导向价值。开放性问题主要有以下几方面的特性：

（1）条件不确定性。条件的不确定性主要指解题的条件较为模糊，不具有唯一性，给解题留有丰富的想象空间。由此可以从中区分出不同层次学生的能力，使解答呈现多样性。

[案例 6.15] 如图 6-15 所示，在直四棱柱 $ABCD—A_1B_1C_1D_1$，中，当底面四边形 ABCD 满足条件时，有 $A_1C \perp B_1D_1$（注：填上你认为正确的一种条件即可，不必考虑所有可能的情形）。

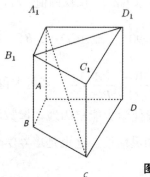

图 6-15

解析：直四棱柱的本质是侧棱垂直于底面，欲使 $A_1C \perp B_1D_1$，只需 A_1C 在上底面 A_1C_1 中的射影与 B_1D_1 垂直即可，即 $A_1C_1 \perp B_1D$。当然，有相当部分学生填 $ABCD$ 为正方形，填四边形 $ABCD$ 为菱形也可。但是，从正方形到菱形，再到对角线互相垂直的四边形，反映出学生思考问题的能力由弱到强、由特殊到一般的变化趋势。

（2）结论的多样性。结论的多样性是指在解答开放性问题时，可以得到并列的多个答案，这类题型同样对考查学生的发散思维和对所学基础知识应用能力大有裨益。

[案例 6.16] 若记 "*" 表示两个实数 a 与 b 的算术平均运算，即 $a*b = \dfrac{a+b}{2}$，

则两边均含有运算符号"*"和"+"，且对于任意 3 个实数 a、b、c 都应成立的一个等式可以是_____。

解析：此题定义了一种新运算，且结论开放，答案多样，让学生富有思维空间，主要让学生找出新运算与算术平均数之间内在的联系，在寻找结论的过程中培养学生的创造性思维能力。

如：$a+(b*c)=a+\dfrac{b+c}{2}=\dfrac{a+b}{2}+\dfrac{a+c}{2}=(a*b)+(a*c)$

还可以有：

$a+(b*c)=(a+b)*(a+c)$，$(a*b)+c=(a*c)+(b*c)$ 等。

（3）知识的综合性。仅是条件活结论的开放，尚不是以全面考查学生的能力。如果只给出一定的情境与要求，其条件与解题策略及结论都要求学生在情境中自行设定与寻找，这就成为综合开放题。这类问题，由于主体思考角度与经验背景不同，必然会出现各种各样的解题策略，得到各种不同的结论必然会出现各种各样的解题策略，得到各种不同的结论。

[案例 6.17]α、β 是两个不同的平面，m、n 是平面 α 及 β 之外的两条不同的直线。给出四个不同的论断：① m⊥n ② α⊥β ③ n⊥β ④ m⊥α。以其中的三个论断作为条件，余下的一个论断作为结论。写出你认为正确的一个命题。

解析：本题只给出了问题的情境及基本要求，命题的条件和结论都没有给出。要求学生自行设计已知条件和结论，然后进行推理和论证。

据要求，可以发现只有两个是正确的命题，即：②③④=①；①③④=②

（4）解答的层次性。由于思维能力的不同，引发解答的多样性，故开放题能使不同层次和水平的学生均有机会在自己的能力范围内解决问题，能更大程度激发不同学习水平的学生参与解题。

[案例 6.18]第 17 届国际数学教育心理会议的公开课题是："在一块矩形地块上，欲辟出一部分为花坛，要使花坛的面积为全矩形面积的一半。请给出你的设计。"解析：花圃的图案形状没有定性要求，解题者可以进行丰富的想象，充分展示几何图形的应用。

2. 开放性问题的教育价值

（1）开放性问题符合学生特点

开放性问题的教学符合学生学习知识的生理和心理特点，大学生精力旺盛，好奇心强，有闯劲，好表现自己，他们有探究和创造的潜能。数学开放题有利于增强学生的学习兴趣，调动学生学习的积极性。

（2）开放性问题的教学为培养学生的创造性思维能力提供可能

开放性问题的挖掘设计，不仅展示了教师的才能和艺术，更能拓展了学生的学习空间；开放性问题的挑战性有利于激发学生的好奇心和求知欲，为学生主动学习创造了条件；它的层次性，使全体学生真正参与教学活动成为可能；它的开放性，要求学生独立观察、思考、猜测、分析，学生由知识的被动接受者转变成为知识的主动发现者和探索者，保障了学生的主体地位，培养了学生的创造性思维能力。

（3）开放性问题的教学符合教学改革的需要

开放题与开放式教学模式，相对于封闭题与封闭式教学而言，完全是一种新的教学思想教学指导下的新型教学模式。它主张课内外知识相联系，与实际问题相联系，与其他学科知识相联系。它把培养学生的创造性思维提到了主要地位。学生的创造性思维表现在发现问题的敏锐性，积极探索的求异性，解决问题的创新性和结果表述的新颖性。它允许多向交流，包括学生间的交流，师生间的交流，学生与课本间的交流（即能提出与课本不同的看法）等。

3. 利用开放性问题组织教学，培养学生创造性思维

创造性思维是发散式思维与聚合式思维的统一，在创造性思维活动中，发散式思维起主导作用。发散式思维具有灵活性、独特性和流畅性。

（1）用"一因多果"的开放性问题训练思维的灵活性与流畅性。"一因多果"的问题，因答案的不确定性，成为激发学生去探索的内在动力。

[案例 6.19] 已知两数 4 和 8，试写出第三个数，使这三个数中，其中一个数是其余两个数的比例中项，第三个数是_____（只需写出一个）。

解析：在本例中，由于没有明确告知数 4，8 以及所求的第三个数，哪一个数是另两数的比例中项，因此隐含着多种确定方法。

设第三个数为 x

由 $x^2=4 \times 8$，可知 $x=4\sqrt{2}$ ；由 $4^2=8x$，可知 $x=2$；由 $8^2=4x$，可知 $x=16$。

[案例 6.20] 如图 6–16 所示，⊙O，与⊙O_2外切于点 T，PT 为其内公切线，AB 为其外公切线，且 A、B 为切点，AB 和 TP 相交于点 P。根据图中所给出的已知条件及线段，请写出一个正确结论，并加以证明。

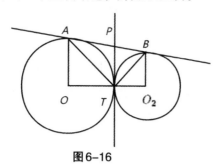

图 6–16

解析：本例可以启发学生从边的关系、角的关系、三角形相似、直线与圆、两圆的关系几个方面考虑。如

直接根据相应定理作出判断：

① $PA=PT$（或 $PB=PT$）；

② $\angle PAT= \angle PTA, \angle PBT= \angle PTB$;

③ $\angle OAP= \angle O_2BP= \angle OTP= \angle O_2TP=90°$ ；

④ $OA//O_2B$;

⑤ $PT \perp OO_2$;

⑥ O、O_2、T 在同一条直线上；

⑦ $A、O、T、P$ 四点共圆；

⑧ $\angle O=2 \angle PAT$。

这些结论通过观察能直接得出，教师再进一步启发，经学生思考后，还可以得出：

可以利用切线和两圆外切，经推理作出判断：

① $PA=PB=PT$; ② $\angle ATP=90°$;③ $\angle AOT+ \angle APT=180°$ 。

（3）可联想到三角形相似及圆的相关性质作判断：

① $\triangle OAT \backsim \triangle PBT$;

② $PT^2=OT \cdot O_2T$；

③ △ATB 的外切圆与 OO_2，相切；

④ 过 O、P、O_2，的圆与 AB 相切；

⑤ $AB^2=4OT \cdot O_2T$。

也可以综合后进一步作出判断：① $PA \cdot PB=OT \cdot O_2T$；② $\dfrac{TA^2}{TB^2}=\dfrac{OT}{O_2T}$；③ 两圆半径是方程 $x^2-OO_2x+PT^2=O$ 的两根。

本题学生思考方法及结果可以各不相同，表现出开放性问题的层次性，由于答案不唯一，给学生有较多提出自己看法的机会，有利于培养学生思维的灵活性和流畅性，有利于发散思维的养成。

（2）利用"一题多变"的开放性问题训练思维的独创性和变通性。

[案例 6.21] 已知方程 $x^2-11x+30+k$ 两根都比 5 大，求实数 k 的取值范围。

方法一：由 $x_1>5=x-5>0$，$x_2>5=x_2-5>0$，

$$\left.\begin{array}{c} \triangle=|2|-4(30+k)=1-4k \geq 0 \Rightarrow k \leq \dfrac{1}{4} \\ (x_1-5)+(x_2-5)>0 \\ (x_1-5)(x_2-5)>0 \Rightarrow 30+k-5 \times 11+25>0 \Rightarrow k>0 \end{array}\right\} \Rightarrow 0<k \leq \dfrac{1}{4}$$

方法二：用换元法设 $y=x-5$，则有 $x=y+5$，代入原方程得 $y^2-y+k=0$，则此方程应有两个正根，立即得到：$0<k \leq \dfrac{1}{4}$，比前一种方法简捷。

考虑到二次方程与二次函数有密切联系，能否从数转化到形来考虑呢？于是又得到下面方法。

方法三：设 $y=x^2-11x+30+k$，结合函数图像，有 $\triangle \geq 0$，且对称轴在直线 $x=5$ 的右边，且当时 $x=5,y>0$，也可得正确答案。这种方法很有新意，还用了数形结合的思想。

教师通过启发学生探讨不同的解法，留给学生深入探究的余地，培养了学生多角度思考问题的思维习惯，培养了思维的灵活性、独创性。

4. 开放性的问题在课堂教学中，应把握好两个关键点

（1）引导学生主动发现问题，解决问题，反思问题。

在教学中引入开放性问题，给学生创造性思维能力的培养提供了可能，应彻底改变学生在学习过程中的被动状态，促使其更加积极主动地去探索。教师应注重课内外材料的收集与积累，应挖掘与课本内容相关联的问题，积极拓宽学生的学习空间。即使在学生已解答（或多种不同解法）的情况下，教师仍应积极引导学生作出进一步的探讨、比较和评价，包括通过比较去发现各种不同解答之间可能存在的逻辑联系，对各种解答的正确性作出判断并给出必要的修正与推广。还要帮助学生对已取得的收获作出自觉的总结。

（2）恰到好处的激励。

开放性的问题不束缚学生的思维，可以比较充分地将他们的知识和经验用于解题之中。不同的人在不同的起点上考虑同一问题，看问题的角度，解决问题的方法，所得的结果可能会不同。教师要让所有的学生的思维动起来，要善于使用能激发学生继续陈述与不断将问题引向深入的语言。

总之，开放性问题的教学注重问题解决的过程，符合学生认知特点，侧重学生解决问题的思路和策略，强调学生在教学中的主体作用。只要问题的起点设置恰当，就能使不同学习水平的学生都能着手去做，去思考，在各自的学习层面上获得成功感，这种成功感会激励学生更进一步主动地、创造性地去解决问题，从而培养学生的创造性思维能力。

当今时代，对培养创造性人才提出了迫切要求。教学实践表明，加强开放性问题的教学，运用开放性教学法，是培养学生创造性思维能力的一种有效方法。

（七）通过解题回顾，检验思路与结论的正确性，优化思维品质

波利亚在《怎样解题》一书中把解题过程概括为"理解题目—拟定方案—执行方案—解题回顾"四个环节，明确指出解题回顾是解题过程中的最后一个环节。然而在实际教学过程中，人们常常只重视指导学生如何去审题、分析题，如何去探索，寻找解题思路，却常常忽略了解题回顾这个环节，发挥不了解题回顾活动应有的教育功能，学生也因未能养成解题回顾的习惯而丧失许多再发现、再创造的机会，可能会错过某些最好的效果。这对培养学生的创新精神和发展数学创造

性思维无疑是一种损失。

[案例 6.20] 判断下列各式是否成立？

(1) $\sqrt{2\frac{2}{3}} = 2\sqrt{\frac{2}{3}}$；　　(2) $\sqrt{3\frac{3}{8}} = 3\sqrt{\frac{3}{8}}$；

(3) $\sqrt{4\frac{4}{15}} = 4\sqrt{\frac{4}{15}}$；　(4) $\sqrt{3\frac{2}{3}} = 3\sqrt{\frac{2}{3}}$

学生经过计算发现（1）、（2）、（3）成立，而（4）不成立。

如果问题到此为止，那就太可惜了。因为我们至少可以问学生：判断完成以后有什么体会？于是又可让学生进行如下的探索与深究。

（1）这道题说明了一种现象，你能用简法的语言描述这一现象吗？

（2）如果用 a 表示一个带分数的整数部分，而用 $\frac{c}{b}(b,c$ 互质，$c < b)$ 表示其分数部分，那么任何一个带分数都可以写成 $a + \frac{c}{b}$ 的形式，请思考 $\sqrt{a + \frac{c}{b}} = a\sqrt{\frac{c}{b}}$ 在什么情况下成立？能不能证明你的结论？

（3）$\sqrt[3]{a + \frac{c}{b}} = a\sqrt[3]{\frac{c}{b}}$ 成立的条件又是什么？

（4）根据（2）、（3），你能否猜想出 $\sqrt[n]{a + \frac{c}{b}} = a\sqrt[n]{\frac{c}{b}}$ 在什么情况下成立？这样的解题回顾，锤炼思维的深刻性，能使学生的思维品质获得优化。

解题回顾可以为学生提供再发现、再创造的机会，提供进行探索的广阔空间，学生的数学创造性思维就存在和表现于这样的探索活动之中，并在这样的探索活动之中不断发展提高。

四、计算机技术与创造性思维培养

计算机技术的应用，可以使课堂形式灵活多样、丰富多彩，有利于学生参与，有利于激发学生的兴趣，有利于帮助学生建构新旧知识之间的联系，有利于调动学生的主动性和积极性。

波利亚认为数学教育应尽可能地为学生从事独立的创造性活动提供机会，任何一个学生都可以在某一水平上进行数学创造性思维活动。数学教学实践表明，数学创造性思维培养的关键是激发学生创造性思维的发生机制，计算机技术在数学教育中运用，可以帮助学生积累数学知识，优化认知结构，激发学生创造性思维诱因，从而加强学生形象思维、发散思维和直觉思维的培养，使学生辩证地运用各种思维方式进行创造性思维。根据创造性思维形成理论和计算机技术的特点，利用计算机技术可以培养学生的创造性思维。

（一）积累知识优化认知结构

创造性思维依赖于扎实的基础知识和技能，并使所学的知识和方法系统化、条理化，所以，优化学生已有的认知结构是进行创造性思维的前提。由于数学知识，特别是作为数学教育内容的基础知识，可以用不同的数学命题来反映。其中有的反映方式便于学习、理解和掌握，有的则不然，像一些抽象、严谨，适合于科学研究的反映方式，则不利于数学教育。所以在培养学生创造性思维过程中，必须谨慎处理数学命题的反映形式，尽可能让学生容易理解，形成良好的数学认知结构。在数学教育中常可以看到这样的现象，学生听懂了教师讲课的内容，却不会独立解题，更谈不上创造性思维了。计算机技术在数学教育中的运用，以其形象直观的特点对数学对象进行多重表征，使数学知识的反映形式更加适应学生已有的认知基础，便于学生学习数学，深入理解数学知识，优化数学认知结构，是培养学生数学创造性思维的良好认知工具。

经过教学反思表明，数学公式和数学语言虽然精练，但有时不利于学生理解，而利用计算机技术呈现数学对象时，可以超越传统数学言语的表达形式，加深学生对数学的体验，有利于观察和发现教学现象的本质，形成良好的知识结构，在数学创造性思维培养中不失为一种有效的手段。

（二）激发学生创造性思维诱因

计算机技术能使一些数学关系可视化，并能展现出数学关系的变化过程，快速反馈验证结果，它缩短了学生获取教学体验的时间，使数学教育有足够多的时间在高层次思维水平上进行，使学生对数学的理解更深刻。比如利用计算机技术创设平移、旋转、反射对称、放大、缩小，进行设疑、制错、创难、求变，激发创造性思维诱因，是计算机技术培养学生数学创造性思维的又一特长。我们根据新旧知识内在联系和学生的认知水平，设计出有利于学生探索的多种情境，利用新旧知识之间的矛盾激发学生创造性思维诱因，让学生提出问题、发现问题、解决问题，综合运用各种思维方式进行创造性思维。因此，我们必须充分挖掘计算机潜能，创设出更多、更好的数学学习环境，使它成为培养学生创造性思维的有力工具。

（三）综合培养各种思维形式

创造性思维不仅与发散思维、直觉思维等密切相关，而且还需要多种思维的有机结合。通常在创造性思维过程中，或先运用直觉思维提出假设、猜想，然后用逻辑思维进行检验、证明；或先运用发散思维提出解决问题的种种设想、方法，然后用收敛思维进行筛选，产生出最佳方案、解法等。因此，必须充分重视形象思维、发散思维和直觉思维的培养，并注重各种思维方式的辩证运用，以达到对学生创造性思维培养的目的。计算机技术在数学各种思维方式培养方面，以其可以揭示出数学知识的发生、发展过程，挖掘出具体知识背后的数学思维和方法，充分展示数学思维过程等优点，使学生创造性思维能力得到培养。

综上所述，利用计算机技术创设教学情境，培养学生创造性思维是实现数学教育现代化的一条有效途经。计算机技术以其能对数学对象的多重表征、形象显示和快速反馈的特长，帮助学生积累数学知识，优化认知结构，激发创造性思维诱因，在培养形象思维、直觉思维和发散思维中发挥重要作用，促进学生创造性思维的培养，但同时也要防止过分依赖媒体视觉化的效果，影响思维的深度，导致数学抽象思维能力的削弱。

五、培养学生创造性思维能力应注意的问题

（一）注意发散思维与集中思维训练的结合

发散思维的训练主要是训练学生思维的广阔性和灵活性，使他们能在解答某一问题时随时想到各种可能情况。但如果没有集中思维的训练，也就没有对各种情况和可能性进行分析比较，并作出正确的判断，这时往往对很多方案，很多的可能性，表现出犹豫不决，难以提出创新和独特的见解。所以要把发散思维和集中思维训练紧密地结合起来，既要培养学生的发散思维能力，也要培养学生的集中思维能力。

（二）防止对学生创造性思维萌芽的抑制

教学是师生共同进行的一种集体活动，教学的对象是学生。他们的思维过程和思维活动都带有因人而异的特点。在教学过程中，学生产生教师意想不到的想法和解法，这正是学生进行积极创造思维的表现和结果，应该肯定和鼓励。教师不以强行将学生的思维过程纳入预先设计好的轨道，更不能用严厉的措辞训斥学生，甚至取笑、讥讽学生。即使学生在知识性、科学性上有错误或离题太远，教师也应耐心予以指导。以免抑制学生的思维活动，禁锢学生的智力，阻碍学生通过新的思维方式去求得问题的答案。

（三）应注重学生的个性健康发展

把培养学生的个性作为数学教学的重要目标之一来对待，这是培养学生创造性思维能力的关键。教学中尊重个性的自由和多样化，采用因材施教的教学方法，不应强求学生个性上的一致，而应尊重每个学生的兴趣。为自发的学生提供良好的机会，鼓励课外学习活动，让学生有机会尝试新的体验，让他们自己去发现问题、解决问题，享受创造的智力欢乐。

（四）给学生的实践和学习提供一段不受评价的时期

对学生来说，外界的评价可能构成威胁，从而产生一种防御要求。学生需要有一段不受他人评价的时期。这样，自由的想法就不会受到阻碍。因此，教师应鼓励学生提出不平凡的想法，积极热情地接纳学生的不同意见、错误和失败。当学生提出独特、新颖的想法和意见时，如果教师暂缓判断，给予支持和鼓励，不但增强了一个学生的反应，而且往往会影响全体同学，使他们勇于表达自己的各种想法，在错误和失败面前，从来不退缩、不后悔，而加强他们的感受性和学习信心。唯有如此，才是对学生自由想象的保护，才有利于培养学生自由想象的思维习惯。需要注意的是，学生想象的结果并不重要，而已形成想象的意识和习惯才是重要的。

参考文献

[1] 李沫，刘晓燕，刘孝磊.高等数学课程混合式教学改革与实践 [J].高等数学研究,2023,26(4):89-91.

[2] 贾金平，张凡娣.融合创新创业教育理念的高等数学教学改革与实践——以定积分概念的教学设计为例 [J].兴义民族师范学院学报,2023(2):70-76+106.

[3] 代伟，杨洋，鄂成国等."以学生为中心"高等数学教学改革与实践 [J].河北环境工程学院学报,2023,33(4):90-94.

[4] 张倩男.现代教育技术环境下高等数学教学改革的实践与思考 [C]// 中国陶行知研究会.2023 年第一届生活教育学术论坛论文集，2023:519-521.

[5] 李小敏，张柯，赵晓辉等.新工科背景下基于 OBE 的软件工程专业《高等数学》教学改革与实践——以河北工程技术学院软件工程专业为例 [J].才智,2023(8):164-167.

[6] 章培军，王震，惠小健等.基于数学应用能力培养的高等数学教学改革研究与实践 [J].创新创业理论研究与实践,2023,6(4):53-55.

[7] 巩星田，吴芮民.地方应用型民办院校高等数学课程教学改革的研究与实践 [J].辽宁省交通高等专科学校学报,2023,25(1):84-87.

[8] 王小娟，陈星.分级教学理念下高等数学课程教学改革研究与实践 [J].科教导刊,2023(3):46-49.

[9] 金玲，关亚丽，刘兆莹等.高等数学课程思政教学改革实践探索 [J].教师,2023(2):99-101.

[10] 黄坚，廖秀.民办高校高等数学分层教学的改革与实践分析 [C]// 重庆市鼎耘文化传播有限公司.2022 新时代高等教育发展论坛论文集，2022:337-339.

[11] 许聪聪，王钥."双高"建设背景下高等数学教学模式改革与实践 [J].石家庄

铁路职业技术学院学报,2022,21(4):98-102.

[12] 张国栋,孟尚儒,刘璐等.基于高等数学开放式课堂教学实现"三全育人"的研究与实践[J].大学,2022(32):74-77.

[13] 许素贞.基于教学能力大赛的"高等数学"课程的改革与实践——以"导数及其应用"教学设计为例[J].科技风,2022(30):110-112.

[14] 朱熙湖.高职院校高等数学教学改革的探索和实践——以广州番禺职业技术学院为例[J].数学学习与研究,2022(30):5-7.

[15] 杨拍,杨英.高等数学课程分层分类教学的研究与实践——以成都信息工程大学为例[J].四川职业技术学院学报,2022,32(5):11-15.

[16] 于蓉蓉,惠小健,刘小刚等.BOPPPS教学模式下医学专业"高等数学"的教学改革实践研究[J].科技风,2022(28):122-124.

[17] 夏云青,屠克."新农科"背景下的高等数学课程教学改革探索与实践——以河南农业大学线上线下混合式数学教学改革为例[J].河南农业,2022(27):30-31+34.

[18] 程婧.高职院校高等数学课堂教学改革的实践与探索[J].才智,2022(26):151-154.

[19] 王柏林,周晶.高等数学课程思政教学改革与实践[J].科学咨询(科技·管理),2022(8):173-175.

[20] 任铭,童新安,张荣.基于"三阶四层五环"的高等数学混合式教学改革探索与实践[J].创新创业理论研究与实践,2022,5(15):164-166.

[21] 余宏旺,胡锐,魏云峰.以生为本理念下高等数学研究导向型教学实践探索[J].教育教学论坛,2022(34):81-84.

[22] 刘燕.以"两课堂"为背景的混合式教学改革与实践——以"高等数学"为例[J].教育教学论坛,2022(29):121-124.

[23] 魏杰,董珺.以兴趣为导向的高等数学课堂教学改革与实践[J].兰州工业学院学报,2022,29(3):133-136.

[24] 闫熙.信息化条件下的高职院校高等数学教学改革与实践探索——以"定积分的概念"一节为例[J].科技视界,2022(18):143-145.

[25] 史彦丽,许洁.《高等数学》"课程思政"教育教学改革的研究与实践 [J]. 吉林化工学院学报,2022,39(6):1-5.

[26] 张晓霞.大数据背景下高等数学教学改革实践研究 [J]. 科技风,2022(16):136-138.

[27] 赵旭波,闫统江,张丹青等."以学生为中心"视域下高等数学教学改革与实践 [J]. 高等理科教育,2022(4):36-41.

[28] 王立伟,陈纪莉."高等数学"课程思政教学改革的探索与实践 [J]. 合肥学院学报(综合版),2022,39(2):120-124.